省级优质精品在线开放课程配套教材
新编高等职业教育电子信息、机电类精品教材

电工基础项目化教程

范润宇	谭见君	邓　婷	主　编
李　晔	卢绪祥	尹玉林	副主编
李　瑶	居剑文	肖依倩	
刘　磊	李任斯	周腾龙	参　编
		杨翠明	主　审

電子工業出版社·
Publishing House of Electronics Industry
北京·BEIJING

内 容 简 介

本书通过项目驱动教学模式来体现理论与技能目标及教学方法的改革,以培养学生对电路知识的分析、应用和操作技能为目标。书中内容紧密结合"电工国家职业技能标准"和全国职业院校技能大赛"机电一体化技术"赛项标准。

本书共包括 8 个项目,内容涵盖了安全用电与触电急救、可调光手电筒电路的安装与调试、备用电源电路的安装与调试、家庭照明电路的安装与调试、制造车间供电电路的安装与调试、电动机正反转控制电路的安装与调试、电动机正反转 PLC 控制电路的安装与调试、闪光灯充放电电路的安装与调试。

本书既可以作为高等职业院校的电气、电子、机电一体化等专业的"电工基础""电工实训""电路分析"等课程的教材,也可作为从事电工行业的工程技术人员的参考用书,还可以作为电工技术爱好者的自学用书。

未经许可,不得以任何方式复制或抄袭本书之部分或全部内容。
版权所有,侵权必究。

图书在版编目(CIP)数据

电工基础项目化教程 / 范润宇,谭见君,邓婷主编.
北京 : 电子工业出版社, 2025. 6 (2025. 9 重印). -- ISBN 978-7-121-50455-6

Ⅰ. TM1

中国国家版本馆 CIP 数据核字第 2025P2X771 号

责任编辑:王艳萍　　文字编辑:孙炳炎
印　　刷:三河市兴达印务有限公司
装　　订:三河市兴达印务有限公司
出版发行:电子工业出版社
　　　　　北京市海淀区万寿路 173 信箱　邮编 100036
开　　本:787×1 092　1/16　印张:12　字数:323 千字
版　　次:2025 年 6 月第 1 版
印　　次:2025 年 9 月第 2 次印刷
定　　价:45.00 元

凡所购买电子工业出版社图书有缺损问题,请向购买书店调换。若书店售缺,请与本社发行部联系,联系及邮购电话:(010)88254888,88258888。

质量投诉请发邮件至 zlts@phei.com.cn,盗版侵权举报请发邮件至 dbqq@phei.com.cn。
本书咨询联系方式:(010)88254574,wangyp@phei.com.cn。

党的二十大报告提出，坚持把发展经济的着力点放在实体经济上，推进新型工业化，加快建设制造强国、质量强国、航天强国、交通强国、网络强国、数字中国。实施产业基础再造工程和重大技术装备攻关工程，支持专精特新企业发展，推动制造业高端化、智能化、绿色化发展。

新型工业化是新时期、新目标、新格局下我国实现中国式现代化的物质基础和产业支撑，以创新为主要动力，以高端化、智能化、绿色化转型为核心路径，推动我国经济高质量发展。

产业基础再造围绕核心基础零部件与元器件、基础材料、基础软件、先进基础工艺、产业技术基础等工业"五基"提升产业基础能力，是实现制造强国、质量强国的重要保障，而培养核心基础零部件与元器件等领域的复合型技术技能人才是关键抓手。产业基础再造所涉及的工艺设备种类较多、工艺流程复杂、技术门类繁杂，电工技术应用岗位的知识、技能需求已经不再局限于单一学科单一专业，从业者需要具备跨专业甚至跨行业的专业技术与信息技术相融合的应用能力。在此背景下，行、企、校三方深度合作，秉持"以学生为中心，提升理—虚—实—创一体化教学效果并满足学生在电工领域的能力迁移需求"的理念，共同编写了本书。

本书共 8 个项目，内容涵盖了安全用电与触电急救、可调光手电筒电路的安装与调试、备用电源电路的安装与调试、家庭照明电路的安装与调试、制造车间供电电路的安装与调试、电动机正反转控制电路的安装与调试、电动机正反转 PLC 控制电路的安装与调试、闪光灯充放电电路的安装与调试。

本书可作为"电工国家职业技能标准"的课证融通培训教材，也可作为"电工基础""电工实训""电路分析"等课程的教材。

本书在内容的组织与安排上具有以下鲜明特色。

1. 高度融合了党的二十大精神的课程思政体系

整体设计课程思政，将安全操作、团队协作、精益求精和科技创新等职业素养融入技能实训操作中，将家国情怀、使命意识和文化自信等元素融入项目引入和知识链接的学习中，将创新意识与创新精神融入项目实践与项目拓展中。

2. 创新设计的"理—虚—实—创"一体化教材体系

本书按照理论知识、虚拟仿真、实践操作、创新拓展的学习过程编排内容，大部分项目按照电路安装与调试的工作流程，设计"项目引入—项目目标与重难点—知识链接—虚拟仿真—项目实践—项目评价—项目总结—项目拓展" 8 个环节，实现"理—虚—实—创"项目体系。

3. 精细量化的"双标双维"评价体系

本书按照电路安装与调试的工作流程，从学生学习行为和学习效果两个维度，融合"电工国家职业技能标准"与全国职业院校技能大赛"机电一体化技术"赛项标准，对项目的验收设置了精细量化的评价指标。

4. "必修项目+选修项目"的知识体系

"电工基础"是制造大类和交通大类各专业的基础课程，每个专业侧重点各有不同，根据专业特性，可将项目一至项目五作为必修模块，项目六至项目八作为选修模块，各专业按需选修。

5. 满足多样化教学需求的立体化教学资源（含"专升本"考点详解微课）

本书配有丰富的教学资源，包括电子教学课件、微视频、在线开放课程，以及与书中内容紧密结合、育人于无声处的思政故事。学生扫描书中二维码或登录课程网站即可获取相关资源，满足线上、线下混合式教学需求，体现新形态立体化教材的特色。

本书由湖南科技职业学院范润宇、谭见君、邓婷担任主编，湖南开放大学李晔、长沙理工大学卢绪祥、湖南科技职业学院尹玉林、湖南科技职业学院李瑶、黄冈职业技术学院居剑文、湖南劳动人事职业学院肖依倩担任副主编，湖南科技职业学院刘磊、李任斯、周腾龙参与编写，湖南科技职业学院杨翠明教授担任主审。

本书的编写得到了湖南艾博特机器人技术有限公司的大力支持，其提供的案例为教材中的项目载体奠定了实践基础。企业技术专家团队全程参与内容审核，将行业最新标准与工程经验融入知识体系，确保了教学内容与产业前沿的紧密对接。谨此对湖南艾博特机器人技术有限公司与许振东先生的鼎力相助致以诚挚谢意！

本书配有免费的电子教学资源，请登录华信教育资源网，免费注册后进行下载；本书有配套的在线开放课程，请登录学银在线，搜索"电工电子技术"课程（湖南科技职业学院）进行学习。

由于编者水平有限，书中难免存在疏漏和不妥之处，敬请广大读者提出宝贵意见。

编　者

项目一	安全用电与触电急救	(1)
1.1	项目引入	(1)
1.2	项目目标与重难点	(1)
1.3	知识链接	(2)
	1.3.1 电力系统概述	(2)
	1.3.2 触电基本知识	(3)
	1.3.3 触电急救方法	(5)
1.4	项目实践——安全用电与触电急救	(7)
1.5	项目评价	(9)
1.6	项目总结	(10)
1.7	项目拓展	(10)
项目二	可调光手电筒电路的安装与调试	(11)
2.1	项目引入	(11)
2.2	项目目标与重难点	(11)
2.3	知识链接	(12)
	2.3.1 电路基本知识	(12)
	2.3.2 电路的基本物理量	(13)
	2.3.3 电路中的基本元件	(18)
	2.3.4 电阻的连接方式与等效变换	(21)
	2.3.5 电压源、电流源及其等效变换	(24)
	2.3.6 欧姆定律	(27)
	2.3.7 基尔霍夫定律	(28)
2.4	虚拟仿真	(32)
	2.4.1 物理量的测量仿真	(32)
	2.4.2 基尔霍夫定律的仿真验证	(33)
2.5	项目实践——可调光手电筒电路的安装与调试	(34)
2.6	项目评价	(35)
2.7	项目总结	(36)
2.8	项目拓展	(37)

项目三 备用电源电路的安装与调试 (38)
3.1 项目引入 (38)
3.2 项目目标与重难点 (38)
3.3 知识链接 (39)
3.3.1 支路电流法 (39)
3.3.2 节点电压法 (41)
3.3.3 叠加定理 (45)
3.3.4 戴维南定理 (47)
3.3.5 最大功率传输定理 (50)
3.4 虚拟仿真 (51)
3.4.1 叠加定理的仿真验证 (51)
3.4.2 戴维南定理的仿真验证 (53)
3.5 项目实践——戴维南定理的验证 (56)
3.6 项目评价 (58)
3.7 项目总结 (59)
3.8 项目拓展 (59)

项目四 家庭照明电路的安装与调试 (60)
4.1 项目引入 (60)
4.2 项目目标与重难点 (60)
4.3 知识链接 (61)
4.3.1 正弦交流电的基础知识 (61)
4.3.2 正弦交流电的表示方法 (67)
4.3.3 正弦交流电路中的元件特性 (71)
4.3.4 基尔霍夫定律的相量形式 (79)
4.3.5 多参数正弦交流电路分析 (81)
4.3.6 正弦交流电路的功率 (92)
4.3.7 耦合电感电路 (96)
4.4 虚拟仿真 (103)
4.4.1 三表法测量电路等效参数 (103)
4.4.2 照明电路仿真 (104)
4.5 项目实践——家庭照明电路的安装与调试 (106)
4.6 项目评价 (107)
4.7 项目总结 (108)
4.8 项目拓展 (108)

项目五 制造车间供电电路的安装与调试 (109)
5.1 项目引入 (109)
5.2 项目目标与重难点 (109)
5.3 知识链接 (110)
5.3.1 三相交流电的基本知识 (110)

	5.3.2 三相电源的连接	(111)
	5.3.3 三相负载	(114)
	5.3.4 对称三相电路的分析	(119)
	5.3.5 三相交流电路的功率	(120)
5.4	虚拟仿真	(123)
	5.4.1 三相负载星形连接仿真	(123)
	5.4.2 三相负载三角形连接仿真	(124)
5.5	项目实践——制造车间供电电路的安装与调试	(125)
5.6	项目评价	(127)
5.7	项目总结	(128)
5.8	项目拓展	(128)

项目六 电动机正反转控制电路的安装与调试 (129)

6.1	项目引入	(129)
6.2	项目目标与重难点	(129)
6.3	知识链接	(130)
	6.3.1 常用低压电器	(130)
	6.3.2 三相异步电动机正反转控制电路	(136)
6.4	项目实践——电动机正反转控制电路的安装与调试	(140)
6.5	项目评价	(141)
6.6	项目总结	(142)
6.7	项目拓展	(142)

项目七 电动机正反转 PLC 控制电路的安装与调试 (143)

7.1	项目引入	(143)
7.2	项目目标与重难点	(143)
7.3	知识链接	(144)
	7.3.1 PLC 简介	(144)
	7.3.2 变频器简介	(147)
	7.3.3 三相异步电动机正反转 PLC 控制电路	(149)
7.4	项目实践——电动机正反转 PLC 控制电路的安装与调试	(154)
7.5	项目评价	(155)
7.6	项目总结	(156)
7.7	项目拓展	(156)

项目八 闪光灯充放电电路的安装与调试 (158)

8.1	项目引入	(158)
8.2	项目目标与重难点	(158)
8.3	知识链接	(159)
	8.3.1 动态电路的基本知识	(159)
	8.3.2 一阶电路暂态分析方法	(162)
	8.3.3 RC 电路暂态分析	(163)

  8.3.4　RL 电路暂态分析 …………………………………………………………（166）
  8.3.5　一阶电路的全响应 …………………………………………………………（169）
 8.4　项目实践——闪光灯充放电电路的安装与调试 ……………………………………（170）
 8.5　项目评价 ……………………………………………………………………………（171）
 8.6　项目总结 ……………………………………………………………………………（173）
 8.7　项目拓展 ……………………………………………………………………………（173）
附录 1　电工工具的使用 ……………………………………………………………………（174）
附录 2　电工仪器、仪表的使用 ……………………………………………………………（180）

项目一　安全用电与触电急救

1.1　项目引入

电能被广泛应用于动力、照明、化学、纺织、通信等各个领域，是科学技术发展的主要动力，其广泛应用推动了人类近代史上的第二次技术革命。

安全用电、安全生产是关系到国家和人民群众生命财产安全和切身利益的大事，随着电气设备和家用电器的广泛应用，触电事故也随之增加。人在触电后，电流可能流经人体的内部组织，严重时会导致呼吸、心脏和神经系统机能紊乱，甚至危及生命，所以，掌握触电的现场急救方法非常必要。

1.2　项目目标与重难点

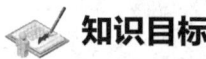 知识目标

（1）了解安全用电的重要性。
（2）了解正常情况下人体能承受的安全电流与安全电压。
（3）掌握发生触电的原因与预防触电的措施。
（4）掌握触电发生的三种形式。
（5）掌握触电的现场急救方法。

技能目标

（1）会判断是否需要使用急救方法进行施救。
（2）能对触电者进行现场急救。

素质目标

（1）培养学生安全用电、规范操作的意识。
（2）提高学生冷静、沉着处理问题的能力。

学习重点

预防触电的措施、触电急救方法。

学习难点

触电急救方法。

1.3 知识链接

思考题

1.3.1 电力系统概述

电能由产生到使用经过了发电、送电、变电、配电和用电五个环节。电力网作为发电厂和用户用电的中间媒介，分为输电网和配电网两部分。其中输电网由35kV及以上的输电线和变电线所组成，配电网由10kV及其以下的配电线和配电变压器组成。

1. 发电

发电厂是将自然界蕴藏的各种一次能源转换为电能（二次能源）的场所，发电方式多种多样，有风力发电、火力发电、水力发电、太阳能发电等，几种常见的发电方式如图1-1所示。各种发电厂发出的电是三相正弦交流电。

（a）风力发电　　　（b）太阳能发电　　　（c）水力发电　　　（d）火力发电

图1-1　几种常见发电方式

2. 低压供配电系统

低压供配电系统有三相三线制系统、三相四线制系统和三相五线制系统。其中，三相三线制系统由发动机（或变压器）的绕组接成星形，但不引出中性线，只能提供线电压；三相四线制系统在三相三线制系统的基础上，从中性点引出一根中性线，可提供相电压和线电压；三相五线制系统则是在三相三线制系统的基础上同时引出中性线和保护线，国际上称为TN-S系统，如图1-2～图1-4所示。

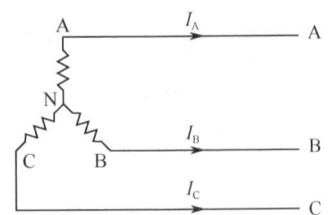 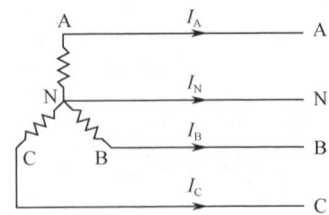 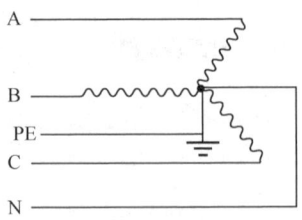

图1-2　三相三线制系统　　　图1-3　三相四线制系统　　　图1-4　三相五线制系统

思考：什么是相电压？什么是线电压？

1.3.2 触电基本知识

思考题

触电通常是指人体直接触及电源或高压电时，电流通过空气或其他导电介质传递，对人体造成组织损伤、功能障碍，导致触电者心跳或呼吸骤停。

1. 触电种类

触电分为电击和电伤两种类型。

电击对人体损伤较重，是指电流通过人体，影响人体呼吸系统、心脏和神经系统，造成人体内部组织的破坏甚至死亡；电伤对人体的损伤较轻，是指在电弧作用下或熔丝熔断时，对人体外部造成的伤害，如金属溅伤、灼伤、烧伤等。

2. 影响触电严重程度的因素

（1）电流大小。

通过人体的电流越大，人体的触电反应越强烈，致命的危险性就越高。

（2）触电时长。

电流通过人体的时间越长，对人体造成的损伤就越大。工频电流大小对人体的伤害程度如表1-1所示。

表1-1 工频电流大小对人体的伤害程度

电流范围/mA	通电时间	人体生理反应
0～0.5	连续通电	开始有感觉，手指、手腕处有痛感，没有痉挛，可以摆脱电源
0.5～5	连续通电	痉挛，不能摆脱电源，呼吸困难、血压升高，是可忍受的极限
30～50	数秒到数分	心脏跳动不规则、昏迷、血压升高、强烈痉挛，时间过长引起心室颤动
50至数百	低于心脏搏动周期（0.6～1s）	强烈冲击，但未发生心室颤动
	超过心脏搏动周期	昏迷、心室颤动，接触部位留有电流通过的痕迹
超过数百	低于心脏搏动周期	在心脏搏动周期特定的相位触电时，发生心室颤动、昏迷，接触部位留有电流通过的痕迹
	超过心脏搏动周期	心脏停止跳动、昏迷，甚至死亡，有灼伤

（3）电流的流经途径。

电流通过心脏会导致精神失常、心跳停止、血液循环中断，危险性最大。实践证明：流过心脏的电流分量越大越危险，电流通过左手流至前胸是最危险的。

（4）个人体质。

在一定的电压作用下，通过人体电流的大小与每个人本身的电阻密切相关。人体电阻因人而异，与人的体质、皮肤的潮湿程度、年龄、性别以及工种职业均有关系。

（5）个人身体状态。

电流对人体产生的伤害与每个人的生理和心理因素有关，身体越差，触电时越危险。

3. 触电事故产生的原因

（1）缺乏电气安全知识。

在电线或电线杆附近放风筝；误触带电体、破损的胶盖刀闸与火线；光线不亮的情况下带电接线；儿童在水泵电动机外壳上玩耍、触摸灯头或插座、乱动电器等。

（2）违反安全操作规程。

在高低压同杆架设的线路电杆上检修低压线；带电修理电动工具、更换变压器、搬动用电设备等；带电拉临时照明线；用湿手拧灯泡；修剪高压线附近树木时接触高压线；在高压线路下修造房屋时接触高压线。

（3）设备不合格。

用电设备进出线裸露在外；使用不合格临时线；高压架空线架设高度离房屋等建筑的距离不符合安全距离；高压线和附近树木距离不符合安全距离；低压线误设在高压线上面。

（4）维修管理不善。

大风刮断低压线路和刮倒电杆后，没有及时处理；胶盖刀闸破损长期不修理；水泵电动机接线破损使外壳长期带电；老旧宿舍陈旧电线更换不及时等。

（5）偶然因素。

大风刮断电力线接触到行人；雷电误伤人。

4．预防触电发生的措施

（1）学习电气安全知识。

带电操作岗位作业人员须进行岗前培训，持证上岗；自动化类专业学生集中学习安全用电和安全生产知识等。

（2）绝缘、屏护。

绝缘是指采用绝缘材料将带电体封闭，实现带电体相互之间、带电体与其他物体之间的电气隔离，使电流按指定路径通过，确保电气设备和线路正常工作，防止触电。屏护是指采用防护装置（遮栏、护盖、箱子等）将带电部位、场所与外部隔离，防止作业人员或无关人员进入危险区。

（3）遵守安全操作规程。

在电气设备的设计、制造、安装、运行、使用和维护以及专用保护装置的配置等环节中，严格遵守国家制定的标准和法规；作业过程中遵守安全间距，安全间距的大小取决于电压的高低、设备的类型以及安装方式等因素。

（4）定期维修管理。

对电气设备或线路进行定期维修管理；相关设备采取双重绝缘，使设备或线路绝缘牢固；定期检查设备的漏电保护、过流保护、过压或欠压保护、短路保护、接零保护等设施。

5．触电的三种形式

（1）单相触电。

单相触电是指人站在地面或其他接地面上时，人体的某一部位触及一相带电体，电流经人体流入大地（或零线）。

注意：避免单相触电的措施是从业人员操作时须穿上绝缘的橡胶鞋或站在干燥的物体上。

（2）两相触电。

两相触电是指人体同时触及两相导线（两根相线）或带电体时，电流由一相导线流经人体，再流入另一相导线构成回路时造成的触电。

（3）跨步电压触电。

跨步电压触电是指当带电体着地时，以着地点为中心向周围土壤产生电压降，人体走近着地点时，两脚之间因距离差会形成电位差，由此而引起触电。

高压故障接地处或有大电流流过的接地装置附近都可能出现较高的跨步电压。离着地点越近、两脚距离越大，跨步电压值就越大，一般距离着地点10m以外没有危险。

1.3.3 触电急救方法

思考题

1. 怎样使触电者脱离电源

（1）如发生低压触电事故，可采用下列方法使触电者脱离电源。

① 如果触电地点附近有电源开关或电源插销，可立即戴绝缘手套拉开开关或拔出插销，断开电源。但应注意到拉开开关只能控制一根线，有可能切断了零线而没有断开电源。

② 如果触电地点附近没有电源开关或电源插销，可用有绝缘柄的电工钳或有干燥木柄的工具切断电线，断开电源，或用干木板等绝缘物插到触电者身下，以隔断电流。

③ 当电线搭落在触电者身上或被压在触电者身下时，可用干燥的衣服、手套、绳索、木板、木棒等绝缘物作为工具，拉开触电者或拉开电线，使触电者脱离电源。

④ 如果触电者的衣服是干燥的，又没有紧缠在身上，可以用一只手抓住他的衣服将其拉离电源。但因触电者的身体是带电的，其鞋的绝缘性也可能遭到破坏。救护人不得接触触电者的皮肤，也不能接触他的鞋。

（2）对于高压触电事故，可采用下列方法使触电者脱离电源。

① 立即致电有关部门断电。

② 戴上绝缘手套、穿上绝缘靴等，用相应电压等级的绝缘工具按顺序拉开开关。

③ 抛掷裸露金属线使线路接地短路，迫使保护装置动作，断开电源。注意抛掷金属线之前，先将金属线的一端可靠接地，然后抛掷另一端。

注意：抛掷的一端不可触及触电者和其他人。

2. 触电事故怎样对症急救

当触电者脱离电源后，应根据触电者的具体情况，迅速对症救治。现场应用的主要救治方法是人工呼吸法和胸外心脏按压法。

对于需要救治的触电者，大体按以下三种情况处理。

（1）如果触电者神志清醒，但有心慌、四肢发麻、全身无力等现象，或者触电者在触电过程中曾经昏迷，但已经清醒过来，伤势不重，应使触电者平卧安静休息，不要走动，严密观察并请医生前来诊治或送往医院。

（2）如果触电者已失去知觉，但还有心跳和呼吸，伤势较重，应使触电者舒适、安静地平卧，疏通周围环境，使空气流通，解开触电者的衣物以保持呼吸道畅通。如遇寒冷天气，应注意保温，并请医生诊治或送往医院。如发现触电者呼吸困难，或发生痉挛，应随时准备好进一步的抢救措施。

（3）如果触电者呼吸停止或心脏停止跳动，或二者均停止，伤势严重，应立即施行人工呼吸和胸外心脏按压，并请医生诊治或送往医院。应当注意，人的心脏停止工作4～6分钟就可能造成不可逆的损伤，包括脑细胞死亡，甚至直接导致死亡。触电后的"黄金4分钟"是抢救的关键时期，但救护车往往难以在如此短时间内到达，因此，第一时间采取正确的急救措施至关重要。尤其是在急救后送往医院的途中，也不能中止急救。如果现场仅一个人对触电者进行抢救，那么口对口人工呼吸和胸外心脏按压应交替进行，每次吹气2～3次，再挤压10～15次，而且吹气和挤压的速度都应比双人操作的速度快一些，以保证抢救效果。

3. 口对口人工呼吸法

人工呼吸法，顾名思义是用人工方法，使空气有节律地进入和排出肺脏，达到维持呼吸、解除组织缺氧的目的。

常用方法有口对口人工呼吸法、仰卧压胸法、仰卧压背法等。进行人工呼吸前，应先解开被救者的领口、腰带、紧身衣服，清除被救者口腔中的泥土、杂草、血块、分泌物或呕吐物等。有假牙者应取出假牙，保持呼吸道通畅。

（1）让被救者平躺，打开被救者的衣服，解开其腰带、项链和领结等，保持其呼吸道畅通。

（2）如被救者口腔中有异物，需进行清理，避免发生窒息。

（3）将被救者下颌抬起，仰头至鼻孔朝上。

（4）用力吸气，捏住被救者的鼻孔朝其口腔中吹气。

（5）匀速吹气时间为 1~1.5s，观察其胸廓是否抬起。

（6）人工呼吸法要与胸外心脏按压同步进行。

人工呼吸法实施步骤如图 1-5 所示。

第一步
打开被救者衣服，使其能自由呼吸

第二步
清除口腔中异物，避免发生窒息

第三步
将被救者下颌抬起，仰头至鼻孔朝上

第四步
用力吸气，向被救者口腔中尽力吹气

第五步
呼吸时间要充足，提供有效气量

第六步
要与胸外心脏按压同步进行

图 1-5 人工呼吸法实施步骤

4. 胸外心脏按压法

胸外心脏按压法是指采用人工方法帮助心脏跳动，维持血液循环，最后使被救者恢复心跳的一种急救方法，适用于触电、溺水、心脏病等引起的心跳骤停。

（1）使被救者仰卧于硬板床或地上，解开衣扣，如有领结、腰带、项链等均解开，救护人站立或跪在被救者身体一侧。

（2）救护人两手掌交叠，掌根置于按压点（被救者两乳头连线中点处）。

（3）救护人借助身体重力向被救者脊柱方向按压。

（4）按压应使成人及儿童胸骨下陷至少 5~6cm，婴儿约 4cm，按压后掌根迅速放松。

（5）按压频率为 100~120 次/分。

(6)单人抢救时:每按压 30 次,俯下身做口对口人工呼吸 2 次。按压 5 个循环周期做一次判断,主要触摸颈动脉与观察自主呼吸的恢复情况。

(7)双人抢救时:一人负责胸外心脏按压,另一人负责维持呼吸道通畅,并做人工呼吸,同时监测被救者颈动脉的搏动情况。

急救注意事项:

(1)动作一定要快,尽量缩短被救者的带电时间。

(2)切不可用手、金属或潮湿的导电物体直接触碰被救者的身体,也不可接触与被救者接触的电线,以免引起救护人自身触电。

(3)解脱电源的动作要用力适当,防止因用力过猛发生带电电线击伤在场其他人员的事故。

(4)在帮助被救者脱离电源时,应注意防止被救者摔伤。

(5)进行人工呼吸或胸外按压抢救时,不宜轻易中断。

胸外心脏按压法实施步骤如图 1-6 所示。

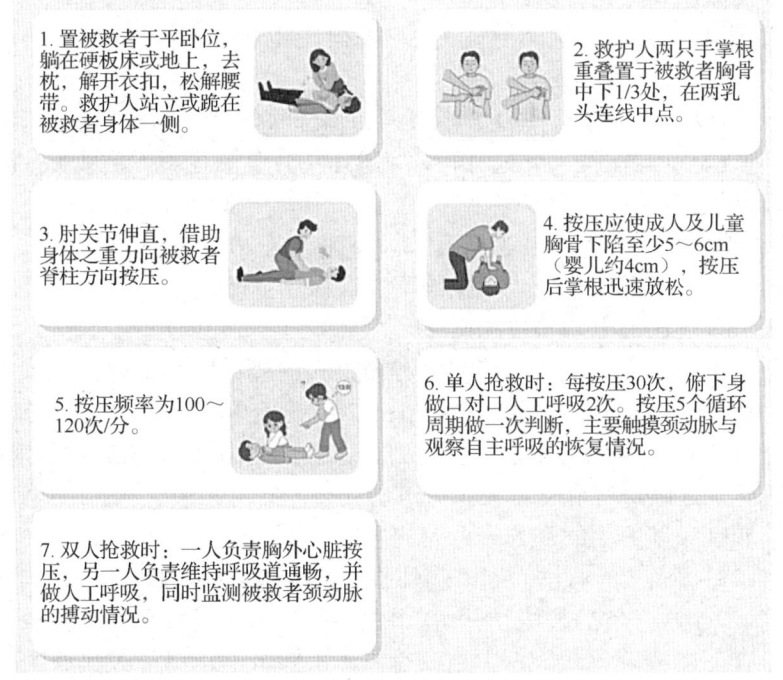

图 1-6 胸外心脏按压法实施步骤

1.4 项目实践——安全用电与触电急救

1. 目标

(1)根据触电发生现场的实际情况,判断是否需要使用急救法进行施救。

(2)掌握使触电者脱离电源的操作方法。

(3) 掌握口对口人工呼吸法。

(4) 掌握胸外心脏按压法。

2. 设备

220V 交流电源 1 个、高级心肺复苏模拟人 1 个。

3. 操作步骤

(1) 切断电源。

① 模拟触电现场：复苏模拟人一手触及一根带电相线（火线）或两手同时触及裸露导线的两根相线（火线），也可以双手各接触一根相线和一根地线，模拟单相触电和两相触电情况。

② 同学分组讨论，如何根据现场实际情况选择使触电者脱离电源的办法及应注意的问题。

(2) 口对口人工呼吸法触电急救技能操作。

① 使复苏模拟人仰卧，解开其衣服，颈部垫硬物，头部尽量后仰，保持呼吸道畅通，然后打开其口腔，确保口腔中无异物。

② 救护人位于复苏模拟人头部一侧，一只手捏住复苏模拟人的鼻子，另一只手打开复苏模拟人嘴巴。

③ 救护人深呼吸后，用嘴紧贴复苏模拟人的嘴巴吹气。

④ 救护人吹气至复苏模拟人要换气时，应迅速离开复苏模拟人的头部，同时放开捏紧的鼻子，让其自行呼气。

⑤ 按上述步骤反复进行，对复苏模拟人每分钟吹气 20 次左右。

注意：实训时应规范操作，防止因操作不当误伤复苏模拟人。

(3) 胸外心脏按压法触电急救技能操作。

救护人站在复苏模拟人一侧或跨跪在复苏模拟人的腰部两侧位置，右手掌放在复苏模拟人的胸上，左手压在右手掌上，向下按下 3～4cm 后，迅速放松。按压和放松动作要求有节奏，以每秒 2 次（儿童 2 秒 3 次）为宜，按压用力要适当，用力过猛会造成复苏模拟人损坏，用力过小则无效，必须连续进行到复苏模拟人苏醒为止。

(4) 对心跳和呼吸都停止的复苏模拟人的急救技能实训。

同时采用"口对口人工呼吸法"和"胸外心脏按压法"。实训时，一人实施急救，应先对复苏模拟人吹气 3～4 次，然后按压 7～8 次，如此交替重复进行至复苏模拟人苏醒为止。接着一组两名同学合作实施急救，一人实施口对口人工呼吸法，另一人实施胸外心脏按压法，两种方法交替进行。

4. 注意事项

(1) 实施急救前务必保证复苏模拟人呼吸道畅通。

(2) 急救步骤正确，动作规范，避免造成二次伤害。

1.5 项目评价

项目工单

姓名		班级		成绩		工位	
项目要求	（1）口对口人工呼吸法。 （2）胸外心脏按压法。						
任务完成结果（故障分析、存在问题等）						注意事项	
项目实施步骤： 结论与分析： 收获：							
评阅教师：				评阅日期：			

考核细则

从学生学习行为和效果两个维度展开评价，并为服务社会、技能大赛和考取证书单列分值。根据职业资格标准、学习过程、实际操作情况、学习态度等多方面进行考核，可分为自我评价、组内互评、教师评价和企业导师评价。

得分说明：自我评价占总分的30%，组内互评占总分的30%，教师评价占总分的20%，企业导师评价占总分的20%。

基本素养（20分）

序号	考核内容	分值	自我评价	组内互评	教师评价	小计
1	考勤、课堂互动、讨论、头脑风暴参与度、小组团队合作	10				
2	安全文明规范操作规程	5				
3	实训室6S管理（整理、整顿、清扫、清洁、素养、安全）	5				

理论知识（30分）

序号	考核内容	分值	自我评价	组内互评	教师评价	小计
1	电力系统概述	10				
2	触电基本知识	10				
3	触电急救方法	10				

技能操作（50分）

序号	考核内容	分值	自我评价	组内互评	企业导师评价	小计
1	口对口人工呼吸法	25				
2	胸外心脏按压法	25				
	总分					

1.6 项目总结

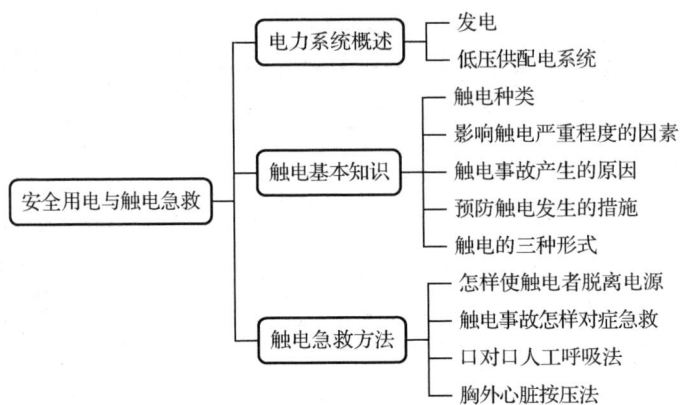

1.7 项目拓展

人工呼吸法和胸外心脏按压法是抢救触电者的关键方法，如处理及时，方法正确，可挽救许多因触电而出现窒息、"假死"等状态的触电者。请大家两人一组，相互进行急救模拟，边模拟急救边讲解急救方法步骤，并拍摄视频上传到学习平台。

习题

项目二　可调光手电筒电路的安装与调试

2.1　项目引入

我们对手电筒并不陌生,它在生活中比较常见。手电筒的诞生给人们的生活带来了极大的便利,现在各个地方都能看到应急手电筒,防止人们在停电之后陷入恐慌。那么手电筒是怎么被发明出来的呢?

2.2　项目目标与重难点

知识目标

(1) 了解电路、电路模型与基本元器件。
(2) 了解电路的基本物理量。
(3) 掌握电阻的串联、并联及其等效变换。
(4) 掌握电压源、电流源及其等效变换。
(5) 熟练掌握欧姆定律与基尔霍夫定律。

技能目标

(1) 会使用万用表测量电路参数。
(2) 能安装与调试简单电路。

素质目标

(1) 培养学生严谨、细致、认真的学习态度。
(2) 强化学生的 6S 管理意识和劳动意识。

学习重点

电压源与电流源的等效变换、基尔霍夫定律。

学习难点

简单电路的安装与调试。

2.3 知识链接

电路模型　　思考题

2.3.1 电路基本知识

在信息时代，电路无处不在。在我们的日常生活中有各种各样的电路，它们的作用各不相同，但每个电路都有其特定的功能。图 2-1 所示是一个手电筒实物，其电路图如图 2-2 所示，电路模型如图 2-3 所示。

图 2-1　手电筒实物

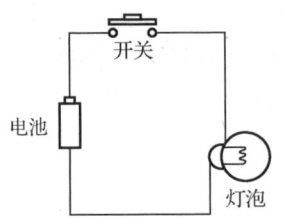

图 2-2　手电筒电路图

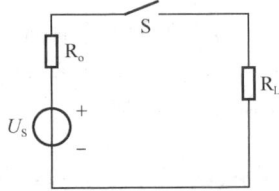

图 2-3　手电筒电路模型

1. 电路

电路是由电阻、电容、电感等元件与电气设备按照一定的方式连接起来构成的网络。电路又称为电子回路，是电流所流经的路径。手电筒电路是由电池、导线、开关与灯泡组成的网络，开关闭合时为电流的通路，灯泡亮。

2. 电路模型

电路模型是用统一规定的符号表示的，用理想元件来代替实际电路元件的电路。电路模型由实际电路抽象而成，是实际电路的一种数学物理模型，能近似地反映实际电路的电气特性。

因为电路模型是由一些理想元件用理想导线连接而成的，所以用不同特性的电路元件按照不同的方式连接就可以构成不同特性的电路。

理想元件是用数学关系式严格定义的假想元件。每一种理想元件都可以表示实际元件所具有的一种主要电磁性能。如灯泡在通电时会产生磁场，具有电感性，但电感微弱，其主要性能是将电能转化成光能，在通电时会发光发热，具有消耗电能的性质，所以灯泡的理想元件只考虑其消耗电能的性能而不考虑其电感性。理想元件的符号规范性强，常见理想元件符号号如表 2-1 所示。

表 2-1　常见理想元件符号

序号	元件名称	图形符号	序号	元件名称	图形符号
1	电阻元件	─[R]─	4	电压源	U_S
2	电感器	─[L]─	5	电流源	I_S
3	电容器	─╢C╟─	6	接地	⏚

续表

序　号	元件名称	图形符号	序　号	元件名称	图形符号
7	电压表	Ⓥ	10	电池	—∣⊢— E
8	电流表	Ⓐ	11	熔断器	—▭—
9	开关	—／—	12	灯泡	—⊗—

3. 电路的组成

最简单的电路，由电源、负载、中间环节（导线、开关等）三部分组成。

（1）电源是指能将其他形式的能转换成电能，并能够向电路（电子设备）提供电能的装置，简单来说电源是给电路提供电能的部分。手电筒电路中电源是电池，生活中常见的电源还有蓄电池、太阳能电池、纽扣电池等。

（2）负载在物理学中指连接在电路中两端、具有一定电势差的电子元件，是把电能转换成其他形式能的装置，在电工学中常指在电路中接收电能的设备，是各类用电器的总称。手电筒电路中的负载是灯泡，生活中常见的负载还有空调、电视等。

（3）中间环节是电路中除电源和负载之外的其他部分的统称。如把电源和负载连成通路的导线、控制电路通断的开关、检测和保护电路的控制设备、仪器仪表等。

4. 电路的作用

电路的作用可从强电和弱电两方面来描述。

（1）强电电路可实现电能的传输、分配和使用，如电力网、配电线路，电力网系统如图 2-4 所示。

（2）弱电电路可实现信号的传递、处理和转换，如电视机中的音频放大器电路，如图 2-5 所示。

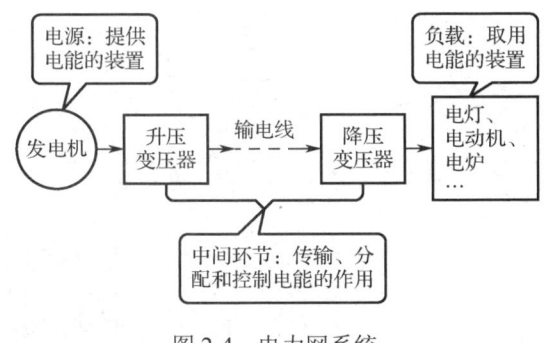

图 2-4　电力网系统

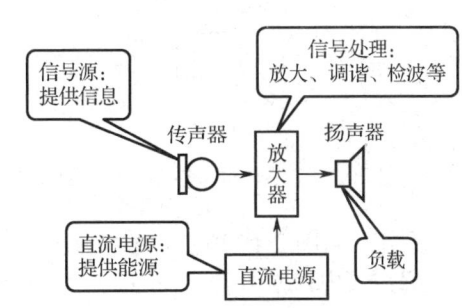

图 2-5　音频放大器电路

2.3.2　电路的基本物理量

描述电路工作情况的物理量主要有电流（I）、电压（U）、电动势（E）、电位（V）、电功（W）和电功率（P），称为电路的基本物理量。

电路的基本物理量　　思考题

1. 电流

电荷（Q）的定向移动形成电流，在国际单位制（SI）中，电流的常用单位有 kA（千安）、

A（安培）、mA（毫安）、μA（微安），各量级单位之间的换算见式 2-1。

$$1kA = 1000A = 1\times10^6 mA = 1\times10^9 \mu A \tag{2-1}$$

电流根据其是否会随着时间的变化而变化，分为直流电流（I）和交流电流（i），直流电流的大小和方向均不会随着时间的变化而变化，如图 2-6 所示；交流电流的大小或方向会随着电流的变化而变化，如图 2-7 所示。

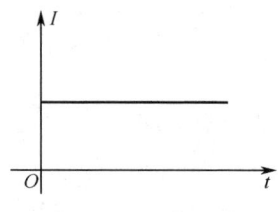
图 2-6　直流电流

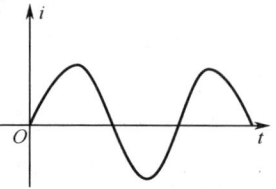
图 2-7　交流电流

电流的大小用单位时间内流过导体横截面电荷量的多少来表示，计算公式为

$$I = \frac{Q}{t}（直流） \tag{2-2}$$

$$i = \frac{dq}{dt}（交流） \tag{2-3}$$

电流的实际方向是正电荷运动的方向或负电荷运动的反方向，在直流电路中，电流方向是恒定不变的，为导体中的正电荷流动方向；在交流电路中，电流方向会随时间变化而变化，而电流的方向在刚分析电路时无法确定，为了方便分析电路，引入"参考方向"的概念，参考方向是人为任意假定的方向。

规定：电流的实际方向与参考方向一致时为正，如图 2-8 所示；电流的实际方向与参考方向相反时为负，如图 2-9 所示。

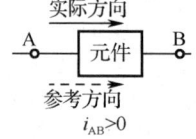
图 2-8　实际方向与参考方向一致

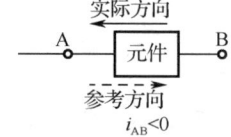
图 2-9　实际方向与参考方向相反

例 1：如图 2-10 所示，设 $I=1A$，则 I_{ab} 为多少？

解：因电流从 b 点流向 a 点，大小为 1A，故 $I_{ab}=-1A$。

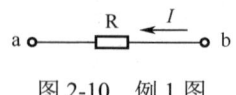
图 2-10　例 1 图

电压与电流的参考方向

2. 电压

电压，也被称作电势差或电位差，是衡量单位电荷在静电场中由于电势不同所产生的能量差的物理量。在国际单位制中，电压的常用单位有 kV（千伏）、V（伏特）、mV（毫伏）、μV（微伏），各量级单位之间的换算见式 2-4。

$$1kV = 1000V = 1\times10^6 mV = 1\times10^9 \mu V \tag{2-4}$$

电压同样有直流电压与交流电压之分,直流电压(U)是沿一个方向流动并保持恒定的电压信号,适用于需要稳定供电的电子设备和系统。交流电压(u)具有周期性变化、易于传输和变换等特点,被广泛用于能量传输和分配。交流电压的波形为正弦波或其他波形,如图 2-11 所示;直流电压的波形为水平线,如图 2-12 所示。

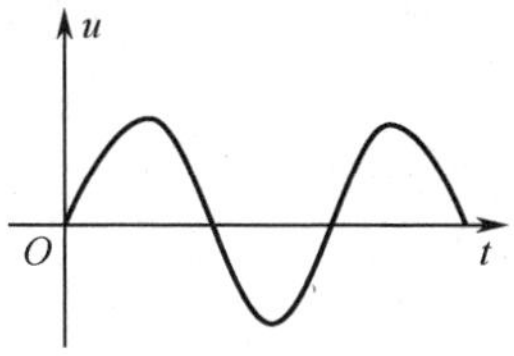

图 2-11　交流电压 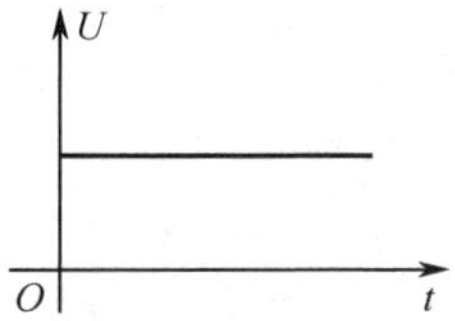　　　　　　　　　图 2-12　直流电压

A、B 两点之间电压的大小用电场力将单位正电荷 q 从 A 点移动到 B 点所做的功来表示,计算公式为

$$U_{AB} = \frac{W_A - W_B}{q} \tag{2-5}$$

电压的实际方向规定为从高电位指向低电位,即电压降的方向,如图 2-13 所示。此概念与水位高低所造成的水压相似。需要指出,"电压"一词一般只用于电路当中,"电势差"和"电位差"则普遍应用于电现象当中。

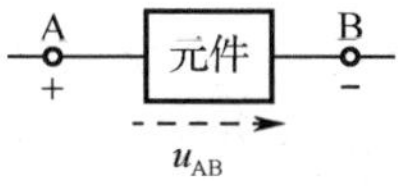

图 2-13　电压方向

规定:电压的实际方向与参考方向一致时为正,如图 2-14 所示;电压的实际方向与参考方向相反时为负,如图 2-15 所示。

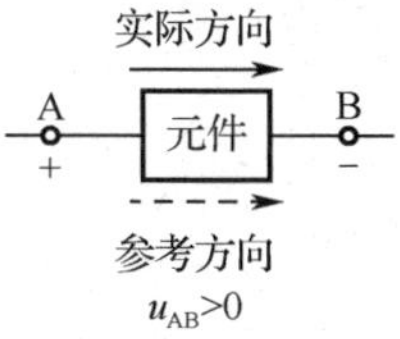

图 2-14　电压实际方向与参考方向一致 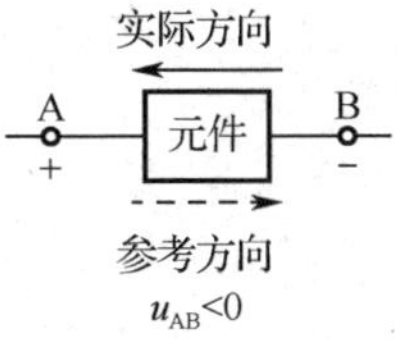　　　图 2-15　电压实际方向与参考方向相反

注意:两点之间的电压值只与这两点的位置相关,与流经路径没有关系。

3. 电动势

电动势是反映电源把其他形式的能转换成电能的能力的物理量。电动势使电源两端产生电压,常用 E 表示,单位与电压相同,为 V(伏特)。

在电源内部,非静电力把正电荷从负极板移到正极板时要对电荷做功,这个做功的物理过程是产生电源电动势的本质。非静电力所做的功,反映了其他形式的能量有多少变成了电能。因此在电源内部,非静电力做功的过程是能量相互转化的过程。

电动势的大小用非静电力把单位正电荷从电源的负极,经过电源内部移到电源正极所做的功来表示。如设 W 为电源中非静电力（电源力）把正电荷 q 从电源负极经过电源内部移到电源正极所做的功，则电动势大小为

$$E = \frac{W_负 - W_正}{q} \tag{2-6}$$

如电动势为 6V，说明电源把 1C（库仑）正电荷从负极经内电路移动到正极时非静电力做功 6J，则有 6J 的其他形式能转换为电能。

电动势的方向规定为从电源的负极经过电源内部指向电源的正极，即与电源两端电压的方向相反。

注意：电动势与电压是分别从电源内部与外部来表示同一个本质现象的，所以两者存在大小相同、方向相反的关系。

例 2：如图 2-16 所示，若 U = 5V，电压的实际方向如何？若 U = -5V，电压的实际方向如何？

解：若 U = 5V，则电压的实际方向为从 a 指向 b；若 U = -5V，则电压的实际方向为从 b 指向 a。

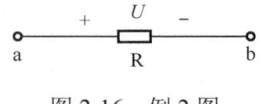

图 2-16　例 2 图

4. 电位

在电工学当中，选中电路中的某一点为参考点（零电位点），则该电路中任一点的电位为这一点到参考点之间的电压差，在国际单位制中，电位的单位为 V（伏特）。若选择 O 点为参考点，则电路中 A 点的电位为

$$V_A = U_{AO} \tag{2-7}$$

电路中任意一点的电位大小均与参考点相关，分析电路时，一般选择接地点作为参考点，一旦选定参考点，电路中各点的电位就确定了。电路中若某点电位比参考点高，则该点电位为正值，反之则为负值。

在研究同一问题时，参考点原则上可以任意选取，但一经选定，就不可更改。

电位在静电学领域又称为电势，其定义是处于电场中某个位置的单位电荷所具有的电势能与它所带的电荷量之比。静力学领域的电位只有大小，没有方向，是标量，其数值不具有绝对意义，只具有相对意义。

电路中电位的计算步骤如下。

（1）任选电路中某一点为参考点，设其电位为 0。

（2）标出电路中各元器件的参考方向，选定各点至参考点的路径。

（3）计算各点至参考点之间的电压值，即得到各点电位值。

两点之间的电压值等于两点的电位差，所以电压又叫电位差。

5. 电功

电功是指电流通过电路时所做的功，表示将电能转化为其他形式能量的过程中所做的功。电流通过电阻、电感或电容等元件时，这些元件对电流有一定的阻碍，所以当电流通过这些元件时，电流会做功，同时也会损耗一定的能量。在国际单位制中，电功的单位是 J（焦耳），

常用的单位还有度（千瓦时），度和焦耳之间的换算见式2-8。

$$1度 = 1kW \cdot h = 3.6 \times 10^6 J \quad (2-8)$$

电流做功的多少跟电流的大小、电压的高低、通电时间长短都有关系。加在用电器上的电压越高，通过的电流越大，通电时间越长，电流做功越多。研究表明，当电路两端电压为 U，电路中的电流为 I，通电时间为 t 时，电功（消耗的电能）W 为

$$W = UIt = Pt \quad (2-9)$$

例3：实训室共有30个工位，每个工位都配备有"220V，15W"的照明灯，照明灯每天使用8小时，秋季学期共有5个月（每个月按30天算），每度电0.55元，请问实训室一个学期需要交多少电费？

解：$W = Pt = 15 \times 10^{-3} \times 8 \times 30 \times 5 \times 30 = 540$ 度

电费为 540×0.55=297 元。

6. 电功率

电功率是指单位时间内电路吸收或发出的电能，是一个表示电流做功快慢的物理量，简称功率，用 P 表示。用电设备均有额定功率的限制，如40W的白炽灯长期消耗功率超过40W时，灯泡将被烧毁，因此进行电路分析时，必须计算电流做功的速度，即功率。在国际单位制中，功率的常用单位有 kW（千瓦）、W（瓦特）、mW（毫瓦）、μW（微瓦）。

在交流电路中，功率的计算公式为

$$p = \frac{dW}{dt} = ui \quad (2-10)$$

在直流电路中，功率的计算公式为

$$P = \frac{W}{t} = UI \quad (2-11)$$

注意：功率的正负可用来判断元件的性质，如某元件的功率为正值，则表示该元件发出功率，为电源；反之则为负载。

分析电路时，当某一支路的电压与电流的参考方向相同时，称为关联参考方向，反之则称为非关联参考方向，如图2-17所示。

图2-17 关联与非关联参考方向

（1）以直流电路为例，若电压、电流为关联参考方向，则 $P=UI$；若电压、电流为非关联参考方向，则 $P=-UI$。若计算出 $P>0$，则所得功率是这部分电路吸收（或消耗）的功率，此元件可以认为是负载。当 $P<0$ 时，表示这部分电路实际发出（或提供）功率，此元件可以认为是电源。

（2）在一个电路中，每一瞬间发出电能的各元件的功率总和等于吸收电能的各元件的功率总和，即满足功率守恒。

例4：求图2-18所示电路中各元件的功率，并判断元件是电源还是负载。

解：图2-18（a）为关联参考方向，$P=UI=3\times2=6W$，$P>0$，元件吸收6W功率，为负载。

图2-18（b）为非关联参考方向，$P=-UI=-(-3)\times 2=6W$，$P>0$，元件吸收 6W 功率，为负载。

图2-18（c）为非关联参考方向，$P=-UI=-(-4)\times(-3)=-12W$，$P<0$，元件释放 12W 功率，为电源。

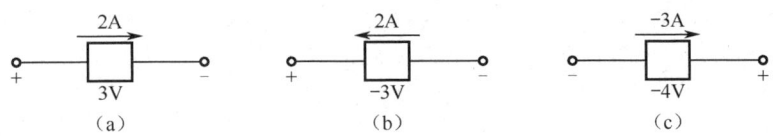

图 2-18　例 4 图

2.3.3　电路中的基本元件

电路中的基本元件包括电阻元件、电感元件和电容元件。

1. 电阻元件

导体的电阻表示该导体对电流的阻碍作用，是一个物理量，在物理学中表示导体对电流阻碍作用的大小。导体的电阻越大，表示导体对电流的阻碍作用越大。不同的导体，电阻一般不同。在国际单位制中，电阻的常用单位有 MΩ（兆欧）、kΩ（千欧）、Ω（欧姆），各量级单位之间的换算见式 2-12。

$$1M\Omega = 1\times 10^3 k\Omega = 1\times 10^6 \Omega \tag{2-12}$$

思考题

常见的电阻元件（简称电阻）实物图如图 2-19 所示，电阻的图形符号与伏安特性曲线如图 2-20 所示。

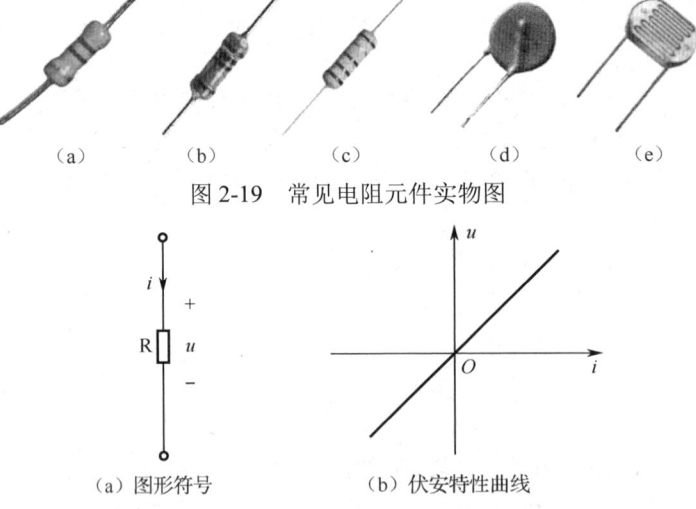

图 2-19　常见电阻元件实物图

图 2-20　电阻的图形符号与伏安特性曲线

（1）电阻的分类

根据电阻值的变化特点可分为：固定电阻、可变电阻和敏感电阻。

根据电阻元件的材料可分为：碳膜电阻、金属膜电阻、合成膜电阻、热敏电阻等。

（2）电阻的命名

电阻的型号由四部分组成。

第一部分是主称,用字母 R 表示。
第二部分是材料,用字母表示,电阻的常见材料符号如表 2-2 所示。
第三部分是类型,用数字或字母表示,电阻和电位器的常见类型代号如表 2-3～表 2-4 所示。
第四部分是序号,用数字表示,可用来区分产品的外形尺寸和性能指标。
如 RJT51 表示金属膜可调电阻。

表 2-2 电阻的常见材料符号

符号	T	R	G	M	U	H	J	P	Y	C	N
含义	碳膜	热敏	光敏	压敏	硅碳膜	合成膜	金属膜	硼碳膜	氧化膜	沉积膜	无机实心

表 2-3 电阻的常见类型代号

代号	1	2	3	4	5	6	7	8	9	G	T	X	L
含义	普通	普通	超高频	高阻	高温	—	精密	高压	特殊	高功率	可调	小型	测量用

表 2-4 电位器的常见类型代号

代号	1	2	3	4	5	6	7	8	9	W	D	K
含义	普通	普通	—	—	—	—	精密	特殊函数	特殊	微调	多圈	带开关

电阻 R 上的功率为

$$P = ui = i^2 R = \frac{u^2}{R} \tag{2-13}$$

例 5:两个"220V,40W"的白炽灯,分别接在 380V 和 110V 的电源上,消耗的功率分别是多少?

解:白炽灯的电阻为

$$R = \frac{U^2}{P} = \frac{220^2}{40} = 1210\Omega$$

当接在 380V 电源上时,消耗的功率 $P = \frac{U^2}{R} = \frac{380^2}{1210} \approx 119.34\text{W}$。

当接在 110V 电源上时,消耗的功率 $P = \frac{U^2}{R} = \frac{110^2}{1210} = 10\text{W}$。

2. 电感元件

电感是闭合回路的一种属性,是一个物理量。当电流通过线圈后,在线圈中形成感应磁场,感应磁场会产生感应电流来抵制通过线圈的电流。

电感是描述由于电流变化,在本线圈中或在另一线圈中引起感应电动势的电路参数,是自感和互感的总称。产生电感的元件称为电感器,又称为电感元件。在国际单位制中,电感的常用单位有 kH(千亨)、H(亨利)、mH(毫亨)、μH(微亨),各量级单位之间的换算见式 2-14。

$$1\text{kH} = 1000\text{H} = 1 \times 10^6 \text{mH} = 1 \times 10^9 \mu\text{H} \tag{2-14}$$

常见电感元件(简称电感)实物图如图 2-21 所示,电感的图形符号如图 2-22 所示。

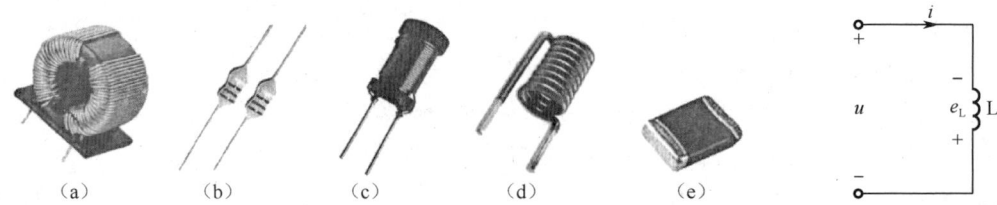

图 2-21 常见电感元件实物图　　　　　图 2-22 电感元件的图形符号

（1）电感的分类。

第一类为自感式线圈，如天线线圈、阻流线圈、提升线圈、稳频线圈和偏转线圈等；第二类是互感式变压器，如电源变压器、音频变压器、振荡变压器和中频变压器等。

（2）电感的性质。

线圈中有电流 i_L 通过后，会在线圈内部产生磁场及磁通 ϕ_L，如果磁通 ϕ_L 与 N 匝线圈均交联，则有 $\psi_L = N\phi_L$，ψ_L 和 ϕ_L 都是由线圈本身电流产生的，叫作自感磁通链和自感磁通。

规定：自感磁通 ϕ_L 和自感磁通链 ψ_L 的参考方向与电流 i_L 参考方向之间满足右手螺旋定则，在这种关联参考方向条件下，任何时刻线性电感的自感磁通链 ψ_L 与线圈中电流 i_L 满足

$$\psi_L = Li_L \tag{2-15}$$

式中，L 为该元件的自感或电感。

规定：在国际单位制中，自感磁通和自感磁通链的单位都是 Wb（韦伯）。

3. 电容元件

电容是储存电量和电能（电势能）的元件，由两个相互靠近的导体，中间夹一层不导电的绝缘介质构成。当电容的两个极板之间加上电压时，电容就会储存电荷。电容的容量在数值上等于一个导电极板上的电荷量（Q）与两个极板之间的电压（U）之比，即

$$C = \frac{Q}{U} \tag{2-16}$$

常见的电容元件（简称电容）实物图如图 2-23 所示，电容的图形符号如图 2-24 所示。

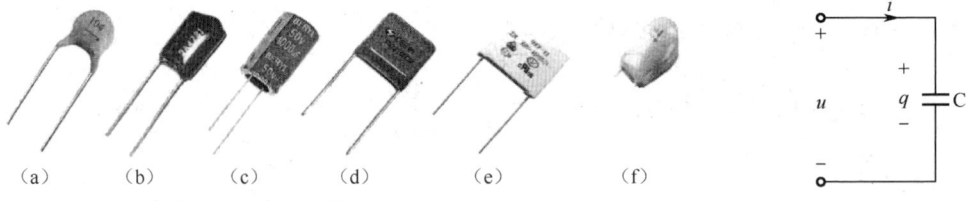

图 2-23 常见电容元件实物图　　　　　图 2-24 电容的图形符号

在国际单位制中，电容的常用单位有 F（法拉）、mF（毫法）、μF（微法）、pF（皮法），各量级单位之间的换算如式 2-17。

$$1F = 1 \times 10^3 mF = 1 \times 10^6 \mu F = 1 \times 10^{12} pF \tag{2-17}$$

电容充电时，吸收能量并全部转换成电能；电容放电时，释放电能。理想状态下电容的充电和放电过程是完全可逆的，即它在充电时吸收并储存的所有能量在放电时能全部释放，所以电容是一种储能元件。同时，电容也不会释放多于它所吸收或储存的能量，因此也是一种无源元件。

注意：电容在电子产品和电力设备中有广泛应用，其在电子电路中常用于滤波、选频等，还能起到隔直流通交流的作用，在电力系统中可用来提高功率因数。

2.3.4 电阻的连接方式与等效变换

电阻的串联、并联和混联在电路中非常常见，这些连接方式具体有什么意义呢？

1. 电阻的串联

将两个或多个电阻一个一个地首尾相接，中间没有分支的连接方式叫作电阻的串联。电阻串联与等效电阻如图 2-25 所示。

等效电阻与各串联电阻的关系为

$$R = R_1 + R_2 + \cdots + R_n \tag{2-18}$$

串联电路总电压为

$$U = U_1 + U_2 + \cdots + U_n \tag{2-19}$$

串联电路电流处处相等，为

$$I = \frac{U_1}{R_1} = \frac{U_2}{R_2} = \cdots = \frac{U_n}{R_n} \tag{2-20}$$

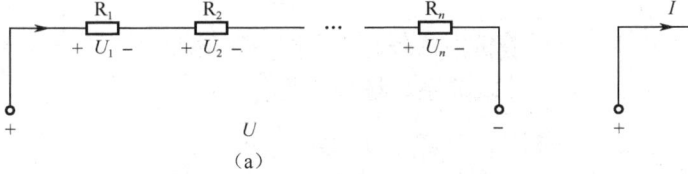

图 2-25 电阻串联与等效电阻

注意：串联电路的等效电阻大于电路中任何一个电阻。

例 6：把 L_1 "220V，80W" 和 L_2 "220V，40W" 两个白炽灯串联后接到 220V 的电源上，L_1 更亮，对吗？

解：不对。L_1 和 L_2 的额定电压均为 220V，L_1 的额定功率大于 L_2 的额定功率，由 $P=U^2/R$ 可知，L_1 的电阻小于 L_2 的电阻，将两个灯泡串联后接到 220V 的电源上，因串联电路电流处处相等，由 $P=I^2R$ 可知，L_1 的实际功率小于 L_2 的实际功率，灯泡的亮度由实际功率决定，所以 L_2 更亮。

2. 电阻的并联

电路中两个或两个以上电阻并联接在两个公共节点之间的连接方式叫作电阻的并联。电阻并联与等效电阻如图 2-26 所示。

等效电阻与各并联电阻的关系为

$$\frac{1}{R} = \frac{1}{R_1} + \frac{1}{R_2} + \cdots + \frac{1}{R_n} \tag{2-21}$$

并联电路总电压为

$$U = U_1 = U_2 = \cdots = U_n \tag{2-22}$$

并联电路总电流等于各支路电流之和，为

$$I = I_1 + I_2 + \cdots + I_n \tag{2-23}$$

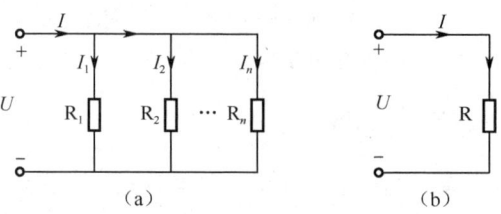

图 2-26 电阻并联与等效电阻

注意：并联电路的等效电阻小于电路中任何支路的电阻。

两个电阻并联时，其等效电阻为

$$R = \frac{R_1 R_2}{R_1 + R_2}$$

（2-24）

例 7：两个电阻并联，总电阻值比任何一个电阻都要小，对吗？理由是什么？

解：正确。两个电阻并联相当于其他条件不变，增加了横截面积，所以电阻减小。

3. 电阻的混联

电路中电阻既有串联又有并联，这种连接方式称为电阻的混联。电阻混联电路如图 2-27 所示。

混联电路的等效电阻可用等电位分析法计算，其关键是将串联、并联关系复杂的电路通过一步步的等效变换，按电阻串联、并联关系，逐一进行化简。

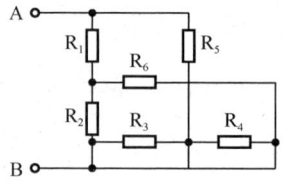

图 2-27 电阻混联电路

等电位分析法步骤为：

（1）确定等电位点，标出相应的符号。导线的电阻和理想电流表的电阻可以忽略不计。

（2）画出串联、并联关系清晰的等效电路图。由等电位点先确定电阻的连接关系，再画电路图。根据支路多少，由简至繁，从电路的一端画到另一端。

（3）根据电阻串联、并联的特点和功率计算公式列出方程求解，得到最简电路后，采用欧姆定律求解。

例 8：已知图 2-28 中的 $R_1=R_2=R_3=R_4=R_5=1\Omega$，求 A、B 间的等效电阻 R_{AB} 等于多少？

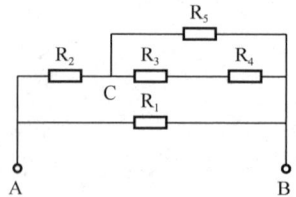

图 2-28 例 8 图

解：分析图 2-28，可画出如图 2-29（b）、（c）、（d）所示的一系列等效电路，图 2-29（a）中，R_3 和 R_4 依次相连，中间无分支，它们是串联关系，其等效电阻为

$$R' = R_3 + R_4 = 1 + 1 = 2\Omega$$

由图 2-29（b）看出，R_5 和 R' 都接在相同的两点 B、C 之间，它们是并联关系，其等效电阻为

$$R'' = \frac{R_5 R'}{R_5 + R'} = \frac{1 \times 2}{1+2} = \frac{2}{3}\Omega$$

由图 2-29（c）看出，R_2 和 R'' 串联，其等效电阻为

$$R''' = R_2 + R'' = 1 + \frac{2}{3} = \frac{5}{3}\Omega$$

由图 2-29（d）看出，R_1 和 R''' 并联，其等效电阻为

$$R_{AB} = \frac{R_1 R'''}{R_1 + R'''} = \frac{1 \times \frac{5}{3}}{1 + \frac{5}{3}} = \frac{5}{8}\Omega$$

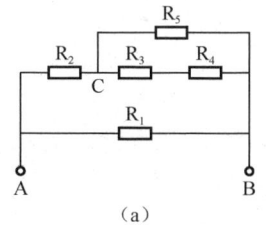
(a)

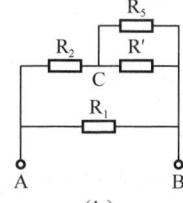
(b)

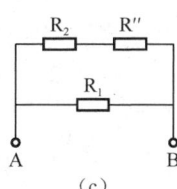
(c)

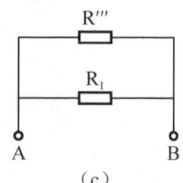
(c)

图 2-29 例 8 化简图

4. 电阻的三角形、星形连接与变换

星形连接也称为 Y 连接，三角形连接也称为 Δ 连接，两者的共同点是均具有 3 个端子与外部相连。

图 2-30（a）表示三个电阻分别接于端子 1、2、3 的星形连接，图 2-30（b）表示三个电阻分别接于端子 1、2、3 的三角形连接。

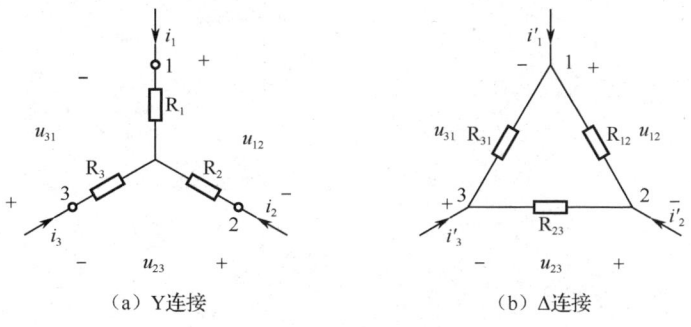

（a）Y 连接　　　　　　（b）Δ 连接

图 2-30 电阻的星形与三角形连接

如果对应端子之间具有大小相等、方向相同的电压 u_{12}、u_{23}、u_{31}，且流入对应端子的电流分别相等，即

$$i_1 = i'_1, \quad i_2 = i'_2, \quad i_3 = i'_3$$

那么，电阻的星形与三角形连接彼此等效。

因还未学习基尔霍夫定律，先给出星形连接与三角形连接变换的结论，请大家在学完基尔霍夫定律之后对结论进行推导。

（1）Y连接电阻$(R_Y) = \dfrac{\triangle 连接相邻电阻的乘积}{\triangle 连接电阻之和}$，$\triangle 连接电阻(R_\triangle) = \dfrac{Y连接电阻两两乘积之和}{Y连接不相邻电阻}$。

（2）若$R_1 = R_2 = R_3 = R_Y$，则$R_\triangle = R_{12} = R_{23} = R_{31} = 3R_Y$或$R_Y = \dfrac{1}{3}R_\triangle$。

电压源、电流源及其等效变换　　思考题

2.3.5 电压源、电流源及其等效变换

1. 电压源

理想电压源是从实际电源抽象出来的一种模型，不论流过的电流为多少，其两端总能保持恒定的电压值。电压源是一个理想元件，其图形符号和伏安特性曲线如图 2-31 所示。

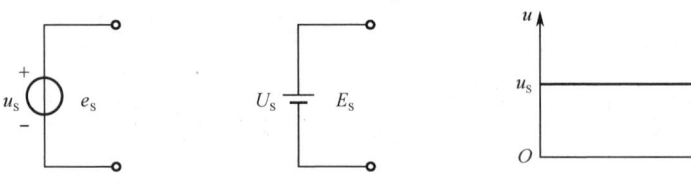

（a）理想电压源图形符号　　（b）理想电池图形符号　　（c）理想电压源的伏安特性曲线

图 2-31　电压源图形符号和伏安特性曲线

理想电压源具有两个基本的性质：第一是它的端电压是定值 U 或者一定的时间函数 $U(t)$，与流过电路的电流无关；第二是理想电压源自身电压是确定的，而流过它的电流由外电路决定。

现实中理想电压源是不存在的，一个实际电压源在给负载供电时，两端的电压会随着负载电流的增加而下降，这是因为实际电压源内部的内阻需要消耗能量。实际电压源可看成理想电压源与内阻串联而成，如图 2-32 所示。

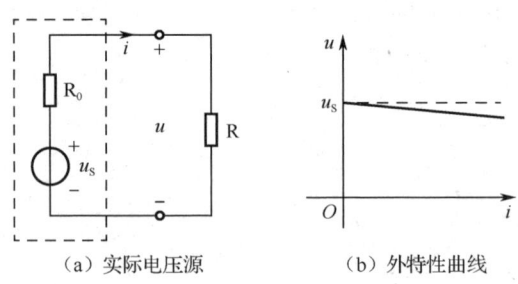

（a）实际电压源　　　　（b）外特性曲线

图 2-32　实际电压源及其外特性曲线

在图 2-32 所示参考方向下，其外特性方程为

$$u = u_S - iR_0 \tag{2-25}$$

2. 电流源

理想电流源是从实际电源抽象出来的一种模型，不论其两端的电压为多少，其端钮总能向外部提供一定的电流。电流源是一个理想元件，其图形符号和伏安特性曲线如图 2-33 所示。

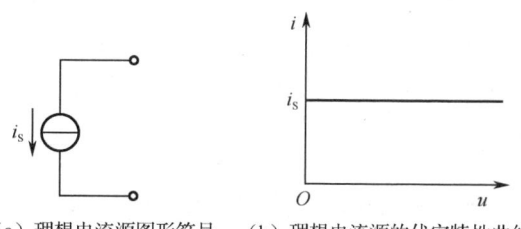

(a)理想电流源图形符号　　(b)理想电流源的伏安特性曲线

图 2-33　电流源图形符号与伏安特性曲线

理想电流源具有两个基本的性质:第一是其提供的电流是定值 I 或者一定的时间函数 $I(t)$,与电路两端的电压无关;第二是理想电流源自身电流是确定的,而它两端的电压由外电路决定。

现实中理想电流源是不存在的,实际电流源可看成理想电流源与内阻并联而成,如图 2-34 所示。

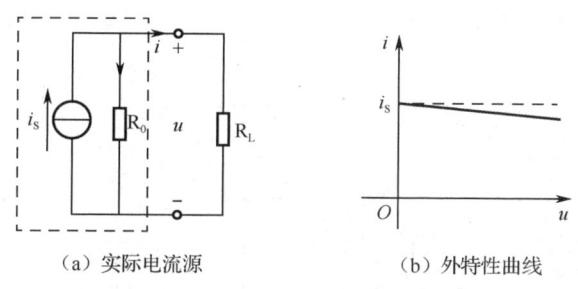

(a)实际电流源　　(b)外特性曲线

图 2-34　实际电流源及其外特性曲线

在图 2-34 所示参考方向下,其外特性方程为

$$i = i_S - Gu \tag{2-26}$$

注意:G 为电导,单位为 S(西门子),其数值等于电阻的倒数,即 $G=1/R$。

3. 电压源与电流源的等效变换

当两个实际电源外接同样大小的负载 R 时,输出的电流与电压完全相同,则可认为这两个电源是等效的。

以直流电压源与直流电流源为例,如图 2-35 所示,直流电压源的输出电压为

$$U = U_S - IR_0 \tag{2-27}$$

而直流电流源的输出电流为

$$I = I_S - U/R_0 \tag{2-28}$$

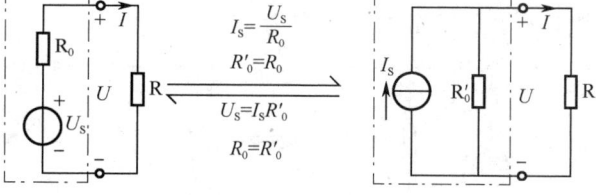

图 2-35　实际电压源与实际电流源的等效变换

若虚线框中的两个实际电源等效，即两者的负载 R、输出电流 I 和输出电压 U 相等时，有

$$U = U_S - IR_0 \Leftrightarrow I = I_S - U/R_0 \quad (2-29)$$

对比公式可得

$$U_S/R_0 = I_S, \quad U_S = I_S R_0$$

可以等效变换的是实际电压源与实际电流源，理想电压源与理想电流源不能等效变换。

（1）多个电压源串联时，可合并成 1 个电压源，如图 2-36 所示。

（2）多个电流源并联时，可合并成 1 个电流源，如图 2-37 所示。

（3）与理想电压源并联的电路元件，在进行电路分析时可以省略；与理想电流源串联的电路元件，在进行电路分析时可以省略。

（4）多个电源串联时宜先变换电压源，多个电源并联时宜先变换电流源。

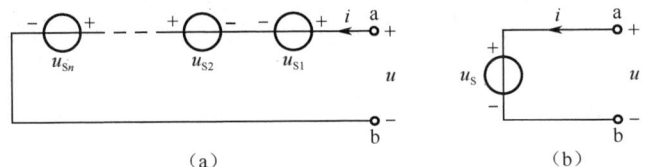

图 2-36 多个电压源合并

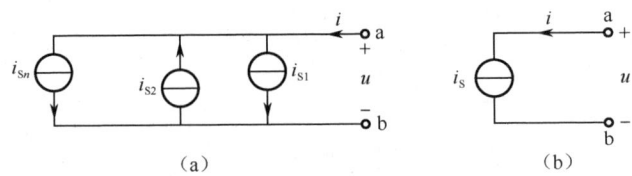

图 2-37 多个电流源合并

例 9：求图 2-38 所示电路的等效电流源。

解：图 2-38 所示电路可等效变换为图 2-39 所示电路。

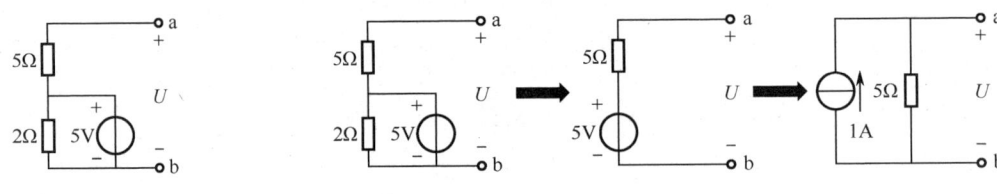

图 2-38 例 9 图　　　　　　图 2-39 例 9 变化后的电路

例 10：求图 2-40 所示电路的等效电压源。

解：图 2-40 所示电路可等效变换为图 2-41 所示电路。

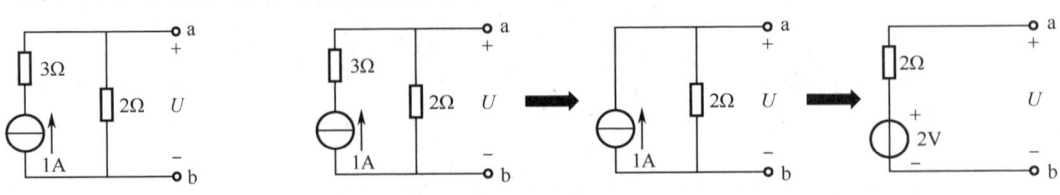

图 2-40 例 10 图　　　　　　图 2-41 例 10 变化后的电路

2.3.6 欧姆定律

欧姆定律是指在同一电路中，通过某段导体的电流跟这段导体两端的电压成正比，跟这段导体的电阻成反比。该定律由德国物理学家乔治·西蒙·欧姆于1826年4月在《金属导电定律的测定》一文中提出，是分析电路的基础。

思考题

1. 部分电路欧姆定律

部分电路欧姆定律忽视电源内阻的消耗，将电源看成理想电源，线性电阻 R 两端所加的电压 U 与通过的电流 I 成正比，如图 2-42 所示。

$$I = \frac{U}{R} \tag{2-30}$$

式中　R—电阻，单位为 Ω（欧姆）；
　　　U—电阻两端的电压；
　　　I—流过电阻的电流。

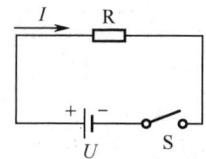

图 2-42　部分电路欧姆定律

2. 全电路欧姆定律

全电路欧姆定律不忽视电源的内阻，将电源看成理想电源与内阻的整体。全电路中的电流 I 与电源的电动势 E 成正比，与电路的总电阻成反比，如图 2-43 所示。

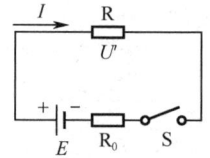

图 2-43　全电路欧姆定律

电流大小为

$$I = \frac{E}{R + R_0} \tag{2-31}$$

例 11：求图 2-44 中 U_{ad}、U_{bd}、U_{dc} 的值。

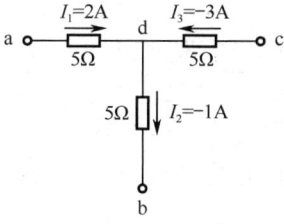

图 2-44　例 11 图

解：图 2-44 中，三个电阻值和流经的电流均已知，应用欧姆定律可求解电压。

$$U_{ad} = 5I_1 = 5 \times 2 = 10\text{V}（关联）$$
$$U_{bd} = -5I_2 = -5 \times (-1) = 5\text{V}（非关联）$$
$$U_{dc} = -5I_3 = -5 \times (-3) = 15\text{V}（非关联）$$

求电压时需考虑电压参考方向（见下标）与电流参考方向的关联性。

基尔霍夫定律　　思考题

2.3.7 基尔霍夫定律

基尔霍夫定律是电路中电压和电流所遵循的基本规律，是分析和计算较为复杂电路的基础，在电路分析中使用率仅次于欧姆定律，由德国物理学家基尔霍夫在 1845 年提出。

基尔霍夫定律包括基尔霍夫电流定律（KCL）和基尔霍夫电压定律（KVL）。

1. 电路中的常用名词和术语

支路：在电路中支路为单个电路元件或者若干个电路元件的串联构成的一个分支，同分支上流经的是同一电流，电路中每个分支都称作支路。简单来说没有分支的电路称为支路。如图 2-45 所示，电路中有 efab、edcb、eb 三条支路。

节点：三条或三条以上支路的连接点称为节点，如图 2-45 所示电路中有 b、e 两个节点。

回路：电路中的任何闭合路径称为回路，如图 2-45 所示电路中有 abefa、bcdeb、abcdefa 三条回路。

网孔：内部不含有任何支路的回路称为网孔，如图 2-45 所示电路中有 abefa、bcdeb 两个网孔。

注意：网孔一定是回路，但回路不一定是网孔。

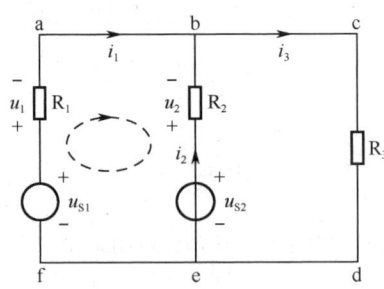

图 2-45　电路的名词和术语

2. 基尔霍夫电流定律（KCL）

基尔霍夫电流定律又称基尔霍夫第一定律，简记为 KCL，是电流的连续性在集总参数电路上的体现。

基尔霍夫电流定律的定义为，在任意时刻流入节点的电流之和等于流出该节点的电流之和，即

$$\Sigma i_入 = \Sigma i_出 \quad (2\text{-}32)$$

若规定流入节点的电流为正，流出节点的电流为负，则流经节点的电流代数和为零，即

$$\Sigma i = 0 \quad (2\text{-}33)$$

如图 2-46 所示，可列 KCL 方程为

$$I_1 + I_3 = I_2 + I_4 + I_5$$

假设流入节点 A 的电流为正,则有

$$I_1 + I_3 - I_2 - I_4 - I_5 = 0$$

注意:含有 n 个节点的电路,只能列出 $n-1$ 个有效电流方程。

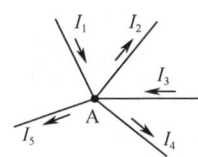

图 2-46 基尔霍夫电流定律节点表示方法

例 12:图 2-46 中,已知 I_1=5A,I_2=2A,I_3=3A,I_4=9A,求 I_5=?

解:由 $I_1 + I_3 = I_2 + I_4 + I_5$ 可得, $I_5 = I_1 + I_3 - I_2 - I_4 = 5 + 3 - 2 - 9 = -3\text{A}$。

可见 I_5 的实际方向为流入 A 点。

3. 基尔霍夫电流定律的推广应用

基尔霍夫电流定律不仅适用于节点,也可推广应用至包含若干节点的封闭面,即在任意时刻,流入封闭面的电流之和等于流出该封闭面的电流之和。

在图 2-47(a)中,可根据 a、b、c 三个节点分别列出 KCL 方程。

节点 a: $i_1 = i_{ab} + i_{ca}$

节点 b: $i_2 + i_{ab} = i_{bc}$

节点 c: $i_3 + i_{bc} + i_{ca} = 0$

三个节点方程相加可得:$i_1 + i_2 + i_3 = 0$。

在图 2-47(b)中,可根据封闭面直接列出 KCL 方程。

$$i_1 + i_2 + i_3 = 0$$

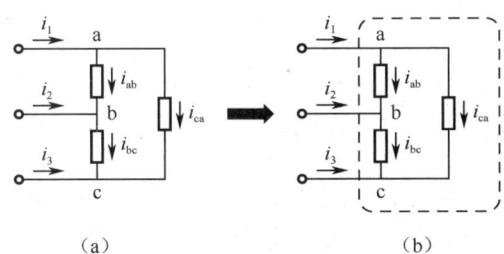

图 2-47 具有闭合封闭面的基尔霍夫电流定律

(1) KCL 是电荷守恒和电流连续性原理在电路中任意节点处的反映。

(2) KCL 是对节点处支路电流施加的约束,与支路上的其他元件无关,与电路是否是线性的也无关。

(3) KCL 方程是按电流的参考方向列写的,与电流的实际方向无关。

基尔霍夫电流定律推论如下。

(1) 如果两个电路之间有两根导线相连,则两根导线中的电流必相等,如图 2-48(a)所示。

（2）若两个电路之间只有一根导线相连，那么这根导线中一定没有电流通过，$I=0$，如图 2-48（b）所示。

（3）若一个电路中只有一处用导线接地，则该接地线中没有电流，$I=0$，如图 2-48（c）所示。

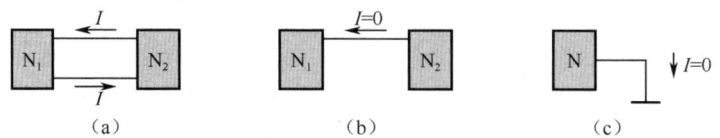

图 2-48　KCL 推论

例 13：图 2-47（b）中，已知 $i_1=6\text{A}$，$i_2=-8\text{A}$，$i_{ca}=-5\text{A}$，求其他电流。

解：封闭面的 KCL 方程为 $i_1+i_2+i_3=0$，所以 $i_3=-i_1-i_2=-6-(-8)=2\text{A}$。

节点 a 的 KCL 方程为 $i_1=i_{ab}+i_{ca}$，所以 $i_{ab}=i_1-i_{ca}=6-(-5)=11\text{A}$。

节点 c 的 KCL 方程为 $i_3+i_{bc}+i_{ca}=0$，所以 $i_{bc}=-i_{ca}-i_3=-(-5)-2=3\text{A}$。

验证：节点 b 的 KCL 方程为 $i_2+i_{ab}=i_{bc}$，代入参数得 $i_{bc}=i_2+i_{ab}=(-8)+11=3\text{A}$，结果正确。

4. 基尔霍夫电压定律（KVL）

基尔霍夫电压定律又称基尔霍夫第二定律，简记为 KVL。

基尔霍夫电压定律的定义为，在任意时刻沿任一闭合回路所有元件两端的电势差（电压）的代数和等于零，或沿着闭合回路的所有电动势的代数和等于所有电压降的代数和，即

$$\sum u = 0 \qquad (2\text{-}34)$$

在图 2-49 中，设电路绕行方向为顺时针方向，则有

$$U_1 - U_3 - U_2 + U_4 = 0$$

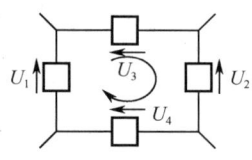

图 2-49　闭合回路

式中各电压的正、负确定原则为：首先选定闭合回路绕行方向，凡电压参考方向（或负载的电流方向）与绕行方向一致的，取正；凡电压参考方向（或负载的电流方向）与绕行方向相反的，取负。

例 14：图 2-50 中，已知 $U_1=8\text{V}$，$U_3=-2\text{V}$，$U_4=-6\text{V}$，$U_5=-12\text{V}$，$U_6=25\text{V}$，求 $U_2=$？

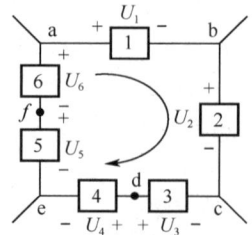

图 2-50　例 14 图

解：列 KVL 方程为
$$U_1 + U_2 - U_3 + U_4 - U_5 - U_6 = 0$$
故
$$U_2 = -U_1 + U_3 - U_4 + U_5 + U_6 = -8 + (-2) - (-6) + (-12) + 25 = 9\text{V}$$

5. 基尔霍夫电压定律的推广应用

基尔霍夫电压定律不仅适用于闭合回路，也可推广应用至任一非闭合回路。

在非闭合回路中，任意两点间的电压等于这两点间沿任意路径各段电压的代数和。如图 2-51（a）所示，可将该电路假想为一个闭合回路，列 KVL 方程为
$$u = u_s + u_1$$

如图 2-51（b）所示，可列 KVL 方程为
$$U_{AB} = U_A - U_B$$

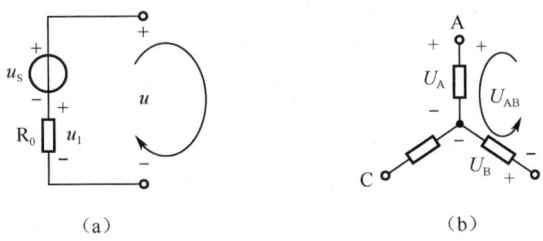

图 2-51 非闭合回路电路

（1）KVL 实质上反映了电路遵从能量守恒定律。

（2）KVL 是对回路中各支路电压施加的线性约束，与回路中各支路的其他元件无关，与回路是否线性也无关。

（3）KVL 方程是按照电压参考方向列写的，与电压实际方向无关。

例 15：如图 2-52 所示，已知 $I_1=2\text{A}$，$I_2=1\text{A}$，$I_3=-1\text{A}$，$R_1=R_2=R_3=6\Omega$，$E_1=9\text{V}$，$U_{ab}=6\text{V}$，试求电源电动势 E_2。

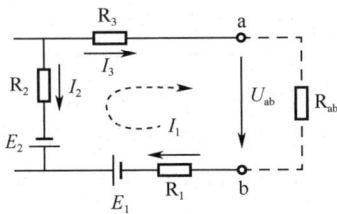

图 2-52 例 15 图

解：假设不闭合两端点 a、b 间接有一电阻 R_{ab}，它两端的电压为 U_{ab}，则此电路构成了一个假想的闭合回路。

任意选定绕行方向，根据 KVL 得
$$I_1 R_1 - E_1 + E_2 - I_2 R_2 + I_3 R_3 + U_{ab} = 0$$

解得
$$E_2 = 3\text{V}$$

2.4 虚拟仿真

2.4.1 物理量的测量仿真

仿真

1. 目标

（1）巩固对电压的概念及其参考方向的理解。

（2）巩固对电位概念的理解。

（3）掌握电压与电位之间的关系。

2. 仿真步骤

如图 2-53 所示，直流稳压电源 U_{S1}=17V，U_{S2}=5V，以 A 点为参考点，分别测量 B、C、D、E、F 各点的电位值及相邻两点之间的电压值 U_{AB}、U_{BC}、U_{CD}、U_{DE}、U_{EF} 与 U_{FA}。重新选中 D 点为参考点，重复上述对各值的测量，将测量数据填写在表 2-5 中，分析测量值正、负的含义，以及电压与电位之间的关系。

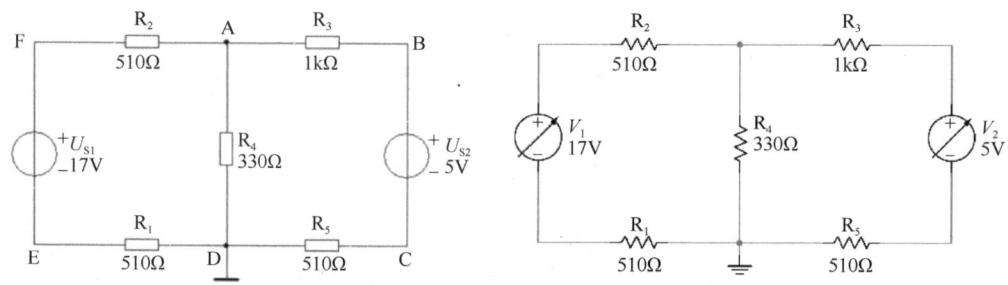

图 2-53 电路图与仿真电路图

表 2-5 电压与电位仿真测量数据表　　　　　　　　　　　　　　　　单位：V

	V_A	V_B	V_C	V_D	V_E	V_F	U_{AB}	U_{BC}	U_{CD}	U_{DE}	U_{EF}	U_{FA}
以 A 点为参考点												
以 D 点为参考点												

使用万用表测量各电压、电位的值，注意万用表接入的"+""-"极性。如以 A 点作为电位的参考点，测量 B 点的电位值 V_B 时，万用表连接及电位测量结果如图 2-54 所示。测量相邻两点之间的电压值 U_{AB} 时，万用表连接及电压测量结果如图 2-55 所示。

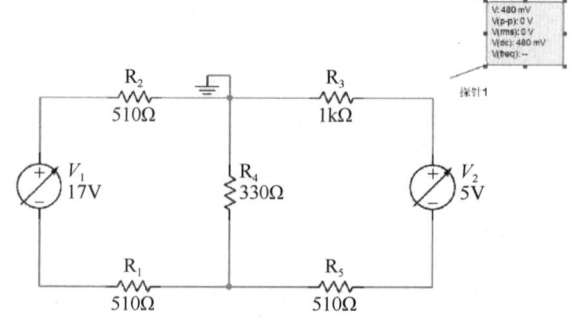

图 2-54 万用表连接及电位测量结果

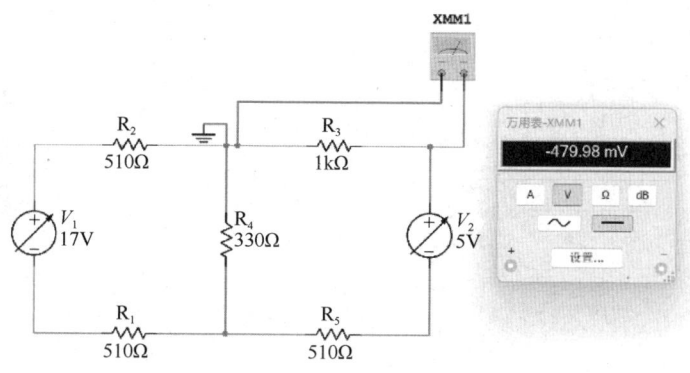

图 2-55 万用表连接及电压测量结果

2.4.2 基尔霍夫定律的仿真验证

1. 目标

(1) 验证 KCL 和 KVL 的正确性。
(2) 巩固对电流、电压及其参考方向的理解。

仿真

2. 仿真步骤

如图 2-56 所示，直流稳压电源 U_{S1}=17V，U_{S2}=5V，任意假定三条支路的电流 I_1、I_2、I_3 的参考方向，将电流表接入电路中，注意电流表的接入方向与各支路电流的参考方向保持一致，将测得的三条支路的电流值填到表 2-6 中，并验证基尔霍夫电流定律。

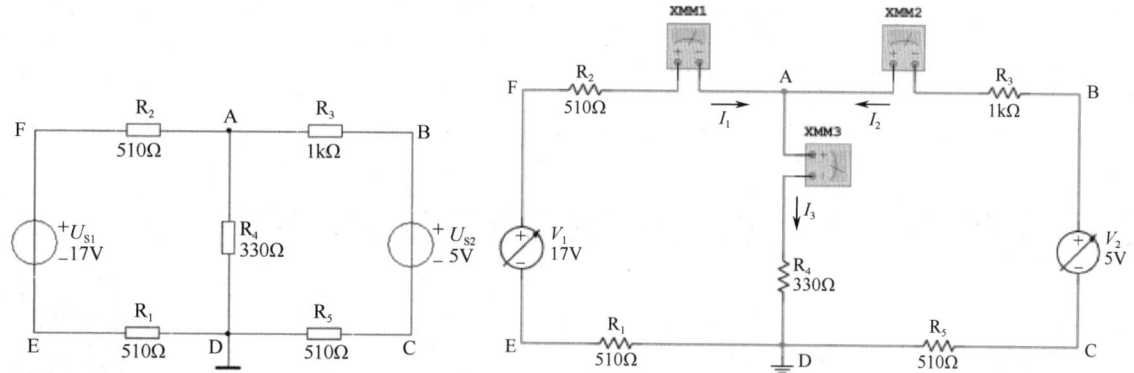

图 2-56 基尔霍夫定律仿真验证电路

选定三个闭合回路的绕行方向均为顺时针方向，各段电压的参考方向与绕行方向均一致。用万用表测量各段电压的数值，注意万用表的正负极与各段电压的参考方向保持一致，将测量值填入表 2-6 中，并验证基尔霍夫电压定律。图 2-57 为电压测量仿真示例，图 2-58 为电流测量仿真示例。

表 2-6 基尔霍夫定律仿真验证测量数据　　　　　　　　　　　单位：mA、V

被测量	I_1	I_2	I_3	U_{AB}	U_{BC}	U_{CD}	U_{DE}	U_{EF}	U_{FA}	U_{AD}
测量值										

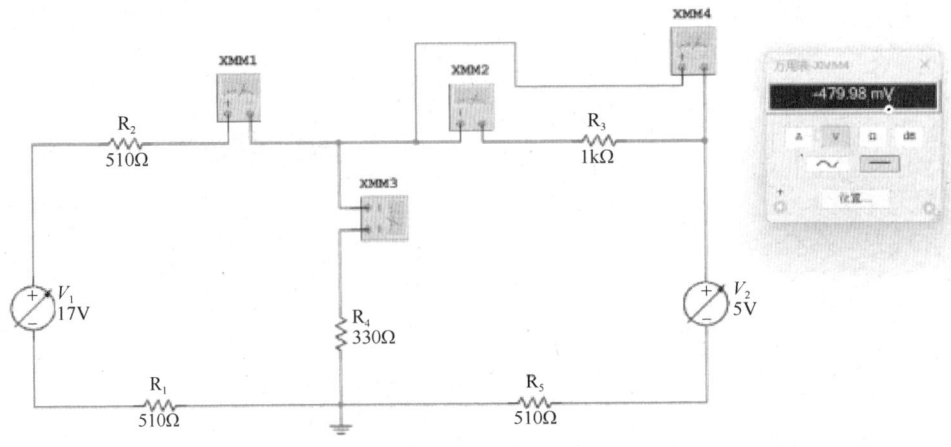

图 2-57 电压测量仿真示例

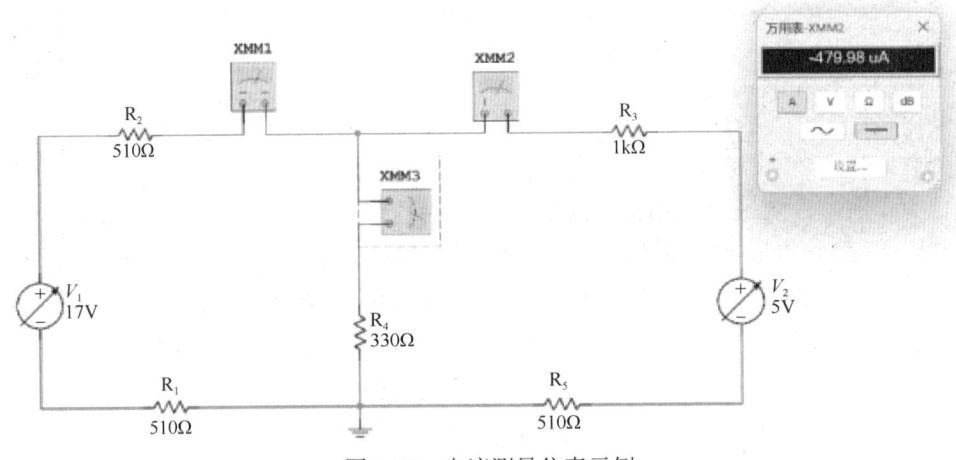

图 2-58 电流测量仿真示例

2.5 项目实践——可调光手电筒电路的安装与调试

1. 目标

（1）掌握手电筒电路的结构和功能。

（2）安装和调试手电筒电路。

项目实践

2. 设备

1.5V 电池若干；3.8V/0.3A 小灯泡若干；可调电阻器 1 个；开关 1 个；导线若干；电压表 1 个；电流表 1 个。

3. 实践步骤

（1）按照图 2-2 安装手电筒电路。

（2）检查电路无误后，闭合开关，用万用表直流电压挡测量各元件的电压，将测量结果填到表 2-7 中。

（3）用可调电阻器代替小灯泡，将可调电阻器调至 200Ω、500Ω、800Ω 和 1000Ω，闭合开关，分别读取电流值，填到表 2-7 中。

（4）根据测量的电流与电压值，计算功率。

表 2-7 电流和电压测量数据

不同电阻值	电压			回路电流/A
	电池电压/V	电阻电压/V	开关电压/V	
200Ω				
500Ω				
800Ω				
1kΩ				

2.6 项目评价

项目工单

姓名		班级		成绩		工位	
项目要求	（1）直流电路的基本知识。 （2）基尔霍夫定律的仿真验证。 （3）手电筒电路的安装与调试。							

任务完成结果（故障分析、存在问题等）	注意事项
项目实施步骤： 结论与分析： 收获：	

评阅教师：	评阅日期：

考核细则
从学生学习行为和学习效果两个维度展开评价，并为服务社会、技能大赛和考取证书单列分值。根据职业资格标准、学习过程、实际操作情况、学习态度等多方面进行考核，可分为自我评价、组内互评、教师评价和企业导师评价。 得分说明：自我评价占总分的30%，组内互评占总分的30%，教师评价占总分的40%，企业导师评价占总分的20%。

基本素养（20分）

序号	考核内容	分值	自我评价	组内互评	教师评价	小计
1	考勤、课堂互动、讨论、头脑风暴参与度、小组团队合作	10				
2	安全文明规范操作规程	5				
3	实训室6S管理（整理、整顿、清扫、清洁、素养、安全）	5				

续表

	理论知识（30 分）					
序号	考核内容	分值	自我评价	组内互评	教师评价	小计
1	电路基本知识	5				
2	电路基本元件	5				
3	电路的连接方式	5				
4	电路的独立电源	5				
5	欧姆定律	5				
6	基尔霍夫定律	5				
	技能操作（50 分）					
序号	考核内容	分值	自我评价	组内互评	企业导师评价	小计
1	基尔霍夫定律的仿真验证	25				
2	手电筒电路的安装与调试	25				
	总分					

2.7 项目总结

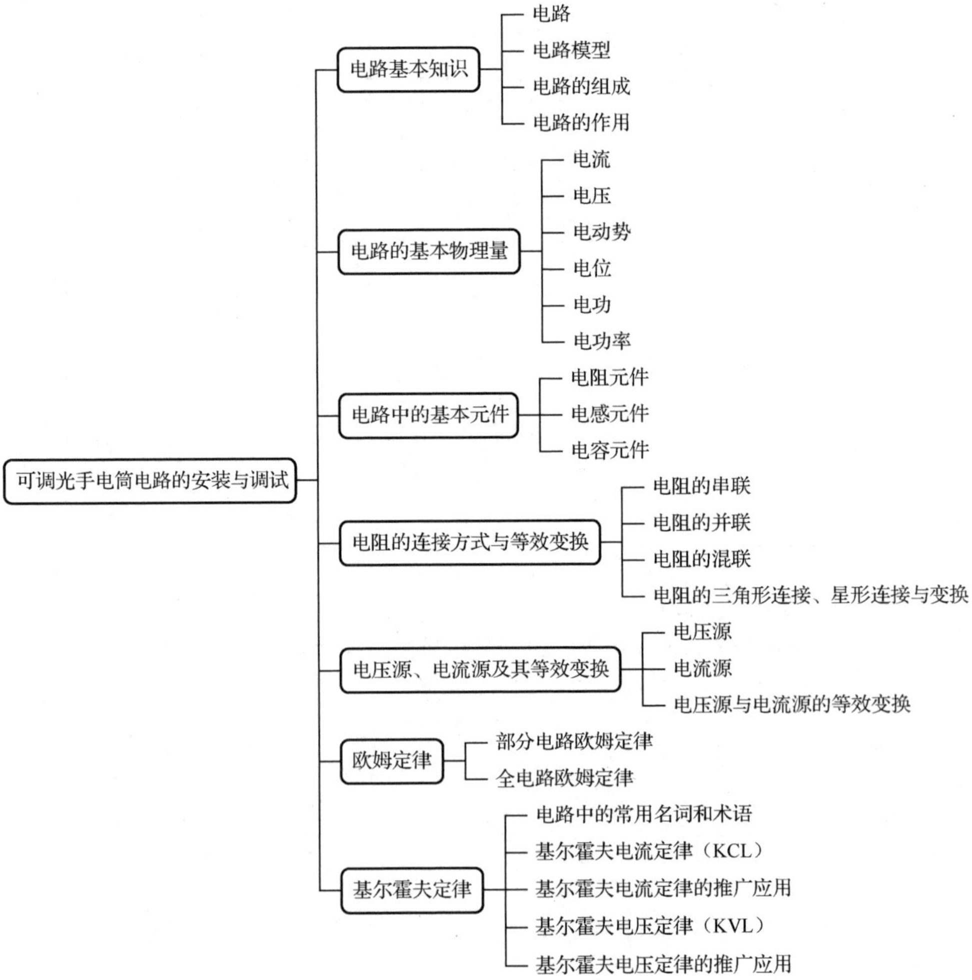

可调光手电筒电路的安装与调试
- 电路基本知识
  - 电路
  - 电路模型
  - 电路的组成
  - 电路的作用
- 电路的基本物理量
  - 电流
  - 电压
  - 电动势
  - 电位
  - 电功
  - 电功率
- 电路中的基本元件
  - 电阻元件
  - 电感元件
  - 电容元件
- 电阻的连接方式与等效变换
  - 电阻的串联
  - 电阻的并联
  - 电阻的混联
  - 电阻的三角形连接、星形连接与变换
- 电压源、电流源及其等效变换
  - 电压源
  - 电流源
  - 电压源与电流源的等效变换
- 欧姆定律
  - 部分电路欧姆定律
  - 全电路欧姆定律
- 基尔霍夫定律
  - 电路中的常用名词和术语
  - 基尔霍夫电流定律（KCL）
  - 基尔霍夫电流定律的推广应用
  - 基尔霍夫电压定律（KVL）
  - 基尔霍夫电压定律的推广应用

2.8 项目拓展

本项目进行了电压与电位的测量仿真与基尔霍夫定律的仿真验证,同时进行了手电筒电路的安装与调试,请大家在课后积极主动地进行手电筒电路的仿真验证,并与实际操作数据进行对比,比较仿真值和实际测量值之间的误差。

习题

项目三　备用电源电路的安装与调试

3.1　项目引入

在应对重大自然灾害与安全生产事故时，便携与稳定的应急救援电力设备不可或缺。在抢险救灾、市政施工、影视拍摄、电力测绘等场景中都需要用到备用电源。在有些电路中能实现双电源的自动切换，那如果遇到多电源的直流电路，应如何进行分析呢？

3.2　项目目标与重难点

 **知识目标**

（1）了解节点电压法。
（2）掌握支路电流法。
（3）掌握叠加定理。
（4）掌握戴维南定理。

 技能目标

（1）会进行叠加定理、戴维南定理的验证。
（2）能安装与调试双电源电路与多电源电路。

 素质目标

（1）培养学生节约意识与质量意识。
（2）提高学生独立思考能力与社会实践能力。

 学习重点

叠加定理、戴维南定理。

 学习难点

戴维南定理的仿真与验证。

3.3 知识链接

支路电流法

思考题

3.3.1 支路电流法

支路电流法是以电路中各支路电流为未知量，应用 KCL 和 KVL 来列节点电流方程与回路电压方程，再联立求解出各支路电流的一种电路分析方法。

注意：使用支路电流法一定要先选择好各支路电流的参考方向。

支路电流法的解题步骤为：

（1）选定各支路电流的参考方向与网孔的绕行方向，并在电路图中标注。

（2）设节点数为 n，根据 KCL 列 $n-1$ 个电流方程。

（3）设网孔数为 m，根据 KVL 列 m 个独立电压方程。

（4）联立 KCL 和 KVL 方程，代入已知量求解方程组，得出各支路电流。

注意：每条支路的电流都是唯一确定的，有效的 KCL 方程数量等于 $n-1$，有效的 KVL 方程数量等于 m。

例1：如图 3-1 所示，已知 $E_1 = 42\text{V}$，$E_2 = 21\text{V}$，$R_1 = 12\Omega$，$R_2 = 3\Omega$，$R_3 = 6\Omega$，试求各支路电流 I_1、I_2、I_3。

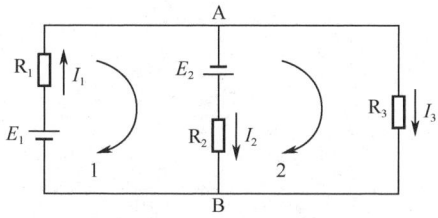

图 3-1 例 1 图

解：

步骤1：确定电路中各支路电流的参考方向和网孔的绕行方向，I_1 参考方向指向 A，I_2、I_3 参考方向指向 B，网孔 1 和网孔 2 的绕行方向均为顺时针方向。

步骤2：根据 KCL 列 $n-1$ 个电流方程，本电路含 A、B 两个节点，故列 1 个节点电流方程，以节点 A 为例，列方程 $I_1 = I_2 + I_3$。

步骤3：根据 KVL 列 m 个独立电压方程，本电路含 1、2 两个网孔，列方程

网孔1：$I_1 R_1 - E_2 + I_2 R_2 - E_1 = 0$

网孔2：$I_3 R_3 - I_2 R_2 + E_2 = 0$

步骤4：联立 KCL 和 KVL 方程求解各支路电流。

$$\begin{cases} I_1 = I_2 + I_3 \\ I_1 R_1 - E_2 + I_2 R_2 - E_1 = 0 \\ I_3 R_3 - I_2 R_2 + E_2 = 0 \end{cases}$$

将各元件参数代入方程得

$$\begin{cases} I_1 = I_2 + I_3 & ① \\ 12I_1 - 21 + 3I_2 - 42 = 0 & ② \\ 6I_3 - 3I_2 + 21 = 0 & ③ \end{cases}$$

将①代入②得

$$12(I_2 + I_3) - 21 + 3I_2 - 42 = 0$$

$$15I_2 + 12I_3 = 63 \quad ④$$

③×2 得

$$12I_3 - 6I_2 + 42 = 0 \quad ⑤$$

④-⑤得

$$21I_2 = 105$$
$$I_2 = 5\text{A}$$

将 I_2=5A 代入③或④均可得

$$I_3 = -1\text{A}$$

将 I_2=5A 和 I_3=-1A 代入①得

$$I_1 = I_2 + I_3 = 5 - 1 = 4\text{A}$$

例 2：以支路电流为未知量，列写如图 3-2 所示电路图的支路电流方程组。

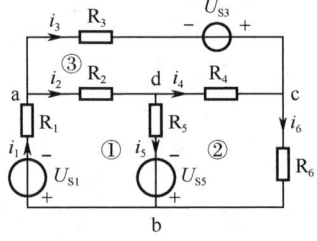

图 3-2　例 2 图

解：图 3-2 中共有 6 条支路，即有 6 个未知量，需列写 6 个独立方程才能求解。
图 3-2 中共有 4 个节点（a、b、c、d），可列 4 个 KCL 方程，即

节点a：$i_1 = i_2 + i_3$

节点b：$i_1 = i_5 + i_6$

节点c：$i_6 = i_3 + i_4$

节点d：$i_2 = i_4 + i_5$

图 3-2 中共有 3 个网孔（①、②、③），设网孔电压绕行方向均为顺时针方向，可列 3 个 KVL 方程，即

网孔①：$i_2R_2 + i_5R_5 - U_{S5} + U_{S1} + i_1R_1 = 0$

网孔②：$i_4R_4 + i_6R_6 + U_{S5} - i_5R_5 = 0$

网孔③：$i_3R_3 - U_{S3} - i_4R_4 - i_2R_2 = 0$

注意：（1）支路电流法可应用于对所有电路的分析。

（2）支路电流法的实质是基尔霍夫定律的应用，原则上可以解决大部分问题，但解方程并非易事，所以对于未知量较多的电路来说，不宜采用支路电流法。

3.3.2 节点电压法

1. 单个独立节点电路分析

节点电压法 思考题

节点电压法是以电路的节点电压为未知量来分析电路的一种方法,适用于支路数和网孔数都较多但节点较少的电路,节点电压指的是电路中任一节点与参考节点之间的电压。

图 3-3 所示电路中有 A 和 B 两个节点,各支路电流 I_1、I_2、I_3、I_4 和节点电压 U_{AB} 的参考方向如图中所示,根据 KCL 可列出节点 A 的节点电流方程。

$$I_1 + I_2 + I_3 - I_4 = 0 \tag{3-1}$$

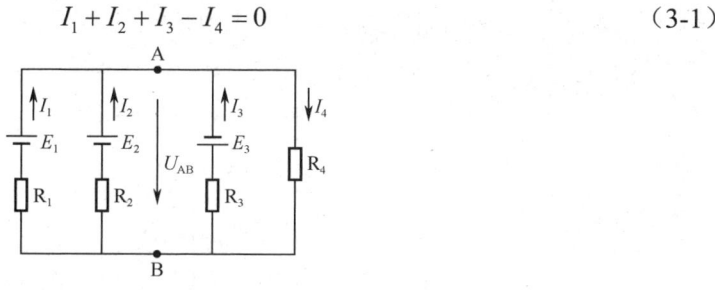

图 3-3 节点电压法示例图

在图示参考方向下,根据每一段含源电路的欧姆定律,可列出各支路电流与节点电压的关系方程为

$$\begin{aligned} I_1 R_1 - E_1 + U_{AB} &= 0 \\ I_2 R_2 - E_2 + U_{AB} &= 0 \\ I_3 R_3 + E_3 + U_{AB} &= 0 \\ I_4 R_4 &= U_{AB} \end{aligned} \tag{3-2}$$

以各支路电流为未知量调整方程可得

$$\begin{aligned} I_1 &= \frac{E_1 - U_{AB}}{R_1} = G_1(E_1 - U_{AB}) \\ I_2 &= \frac{E_2 - U_{AB}}{R_2} = G_2(E_2 - U_{AB}) \\ I_3 &= \frac{-E_3 - U_{AB}}{R_3} = G_3(-E_3 - U_{AB}) \\ I_4 &= \frac{U_{AB}}{R_4} = G_4 U_{AB} \end{aligned} \tag{3-3}$$

将 I_1、I_2、I_3、I_4 代入节点 A 的 KCL 方程得

$$G_1(E_1 - U_{AB}) + G_2(E_2 - U_{AB}) + G_3(-E_3 - U_{AB}) - G_4 U_{AB} = 0$$

整理可得

$$G_1 E_1 - G_1 U_{AB} + G_2 E_2 - G_2 U_{AB} - G_3 E_3 - G_3 U_{AB} - G_4 U_{AB} = 0$$

$$G_1 E_1 + G_2 E_2 + (-G_3 E_3) = G_1 U_{AB} + G_2 U_{AB} + G_3 U_{AB} + G_4 U_{AB} = U_{AB}(G_1 + G_2 + G_3 + G_4)$$

$$U_{AB} = \frac{G_1 E_1 + G_2 E_2 + (-G_3 E_3)}{G_1 + G_2 + G_3 + G_4} \tag{3-4}$$

可继续推广得

$$U_{AB} = \frac{\sum(GE)}{\sum G} \tag{3-5}$$

上式说明：节点电压等于各支路电动势与该支路电导乘积的代数和，再除以各支路电导之和。其中分子 $\sum(GE)$ 中各项正负号的确定原则是：凡电动势方向指向节点 A 时取正号，否则取负号。

用节点电压法求解电路的步骤为：

（1）选定节点及电压的参考方向。

（2）根据节点电压计算公式求出节点电压。

（3）标定各支路电流的参考方向，应用每一段含源电路的欧姆定律求解各支路电流。

例 3：用节点电压法求解图 3-4 所示电路中各支路的电流 I_1、I_2 和 I_3。

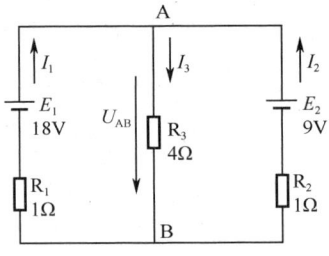

图 3-4　例 3 图

解：选定节点电压 U_{AB} 的参考方向，如图 3-4 所示。

根据节点电压计算公式求出节点电压 U_{AB}，为

$$U_{AB} = \frac{G_1 E_1 + G_2 E_2}{G_1 + G_2 + G_3} = \frac{18 \times 1 + 9 \times 1}{1 + 1 + \frac{1}{4}} = 12\text{V}$$

根据图示各支路电流的参考方向，应用每一段含源电路的欧姆定律得各支路电流为

$$I_1 = \frac{E_1 - U_{AB}}{R_1} = \frac{18 - 12}{1} = 6\text{A}$$

$$I_2 = \frac{E_2 - U_{AB}}{R_2} = \frac{9 - 12}{1} = -3\text{A}$$

$$I_3 = \frac{U_{AB}}{R_3} = \frac{12}{4} = 3\text{A}$$

2. 多个独立节点电路分析

图 3-5 所示电路中有 4 个节点，选择接地点为参考点，其余三个节点为独立节点，节点电压分别为 U_1、U_2、U_3，在图示参考方向下，各支路电流和节点电压之间存在下列关系：

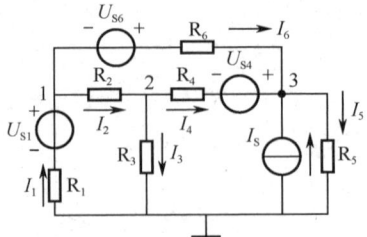

图 3-5　节点电压法应用例图

$$\begin{cases} I_1 = \dfrac{U_{S1} - U_1}{R_1} = G_1(U_{S1} - U_1) \\ I_2 = \dfrac{U_1 - U_2}{R_2} = G_2(U_1 - U_2) \\ I_3 = \dfrac{U_2}{R_3} = G_3 U_2 \\ I_4 = \dfrac{U_2 - U_3 + U_{S4}}{R_4} = G_4(U_2 - U_3 + U_{S4}) \\ I_5 = \dfrac{U_3}{R_5} = G_5 U_3 \\ I_6 = \dfrac{U_1 - U_3 + U_{S6}}{R_6} = G_6(U_1 - U_3 + U_{S6}) \end{cases} \qquad (3\text{-}6)$$

对节点 1、2、3 分别列写 KCL 方程，即

$$\begin{cases} I_1 - I_2 - I_6 = 0 \\ I_2 - I_3 - I_4 = 0 \\ I_4 + I_S - I_5 + I_6 = 0 \end{cases} \qquad (3\text{-}7)$$

将式 3-6 代入式 3-7 得

$$\begin{cases} G_1(U_{S1} - U_1) - G_2(U_1 - U_2) - G_6(U_1 - U_3 + U_{S6}) = 0 \\ G_2(U_1 - U_2) - G_3 U_2 - G_4(U_2 - U_3 + U_{S4}) = 0 \\ G_4(U_2 - U_3 + U_{S4}) + I_S - G_5 U_3 + G_6(U_1 - U_3 + U_{S6}) = 0 \end{cases} \qquad (3\text{-}8)$$

整理得

$$\begin{cases} (G_1 + G_2 + G_6)U_1 - G_2 U_2 - G_6 U_3 = G_1 U_{S1} - G_6 U_{S6} \\ -G_2 U_1 + (G_2 + G_3 + G_4)U_2 - G_4 U_3 = -G_4 U_{S4} \\ -G_6 U_1 - G_4 U_2 + (G_4 + G_5 + G_6)U_3 = G_4 U_{S4} + G_6 U_{S6} + I_S \end{cases} \qquad (3\text{-}9)$$

式 3-9 中，方程右边分别表示流入相应节点的电流源的代数和（若是电压源与内阻串联的支路，则看成等效变换的电流源与内阻并联的支路），当电流源的电流方向指向对应节点时取正，反之则取负。

定义 G_{11}、G_{22}、G_{33} 为独立节点 1、2、3 所连接的所有支路的电导之和，称为自电导，其总为正值；定义 G_{12}、G_{21}、G_{13}、G_{31}、G_{23}、G_{32} 分别为两个相关节点的各支路电导之和，称为互电导，其总为负值。若两个节点之间没有支路直接相连时，相应的互电导为零。定义 I_{S11}、I_{S22}、I_{S33} 为流入节点 1、2、3 电流源电流的代数和。

式 3-9 可写成

$$\begin{cases} G_{11} U_1 + G_{12} U_2 + G_{13} U_3 = I_{S11} \\ G_{21} U_1 + G_{22} U_2 + G_{23} U_3 = I_{S22} \\ G_{31} U_1 + G_{32} U_2 + G_{33} U_3 = I_{S33} \end{cases} \qquad (3\text{-}10)$$

推广至具有 n 个节点的电路，节点电压方程的一般形式为

$$\begin{cases} G_{11}U_1 + G_{12}U_2 + ... + G_{1(n-1)}U_{n-1} = I_{S11} \\ G_{21}U_1 + G_{22}U_2 + ... + G_{2(n-1)}U_{n-1} = I_{S22} \\ ... \\ G_{(n-1)1}U_1 + G_{(n-1)2}U_2 + ... + G_{(n-1)(n-1)}U_{(n-1)} = I_{S(n-1)(n-1)} \end{cases} \quad (3\text{-}11)$$

例4：用节点电压法求解图3-6所示电路中各支路的电流 I_1、I_2、I_3、I_4 和 I_5。

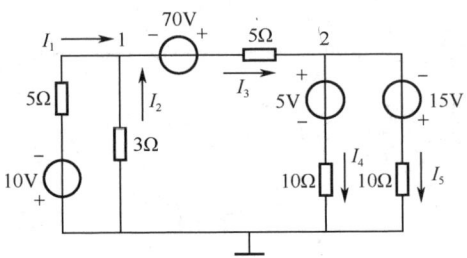

图 3-6 例 4 图

解：以接地点为参考点，1、2点的节点电压分别为 U_1、U_2，节点电压方程为

$$\begin{cases} \left(\dfrac{1}{5} + \dfrac{1}{3} + \dfrac{1}{5}\right)U_1 - \dfrac{1}{5}U_2 = -\dfrac{10}{5} - \dfrac{70}{5} \\ -\dfrac{1}{5}U_1 + \left(\dfrac{1}{5} + \dfrac{1}{10} + \dfrac{1}{10}\right)U_2 = \dfrac{70}{5} + \dfrac{5}{10} - \dfrac{15}{10} \end{cases}$$

整理方程组可得

$$\begin{cases} \dfrac{11}{15}U_1 - \dfrac{1}{5}U_2 = -16 \\ -\dfrac{1}{5}U_1 + \dfrac{2}{5}U_2 = 13 \end{cases}$$

求解得

$$\begin{cases} U_1 = -15\text{V} \\ U_2 = 25\text{V} \end{cases}$$

根据图3-6所示各支路电流的参考方向计算得

$$I_1 = \dfrac{-10 - U_1}{5} = \dfrac{-10 + 15}{5} = 1\text{A}$$

$$I_2 = \dfrac{-U_1}{3} = \dfrac{15}{3} = 5\text{A}$$

$$I_3 = \dfrac{70 + U_1 - U_2}{5} = \dfrac{70 - 15 - 25}{5} = 6\text{A}$$

$$I_4 = \dfrac{-5 + U_2}{10} = \dfrac{-5 + 25}{10} = 2\text{A}$$

$$I_5 = \dfrac{15 + U_2}{10} = \dfrac{15 + 25}{10} = 4\text{A}$$

3.3.3 叠加定理

叠加定理　思考题

叠加定理指的是在线性电路中，多个电源同时作用的支路电流（或端电压）等于单个电源作用的支路电流（或端电压）的代数和。

注意：不作用的电压源视为短路，不作用的电流源视为开路。

图 3-7（a）所示为电压源与电流源共同作用的电路，图 3-7（b）所示为电流源单独作用的等效电路，此时电压源视为短路，可看成一根导线，有

$$I' = \frac{R_1}{R_1 + R_2} I_S$$

图 3-7（c）所示为电压源单独作用的等效电路，此时电流源视为开路，有电流源的支路断开，有

$$I'' = -\frac{U_S}{R_1 + R_2}$$

根据叠加定理可得图 3-7（a）中流经电阻 R_2 的电流为

$$I = I' + I'' = \frac{R_1}{R_1 + R_2} I_S + \left(-\frac{U_S}{R_1 + R_2}\right)$$

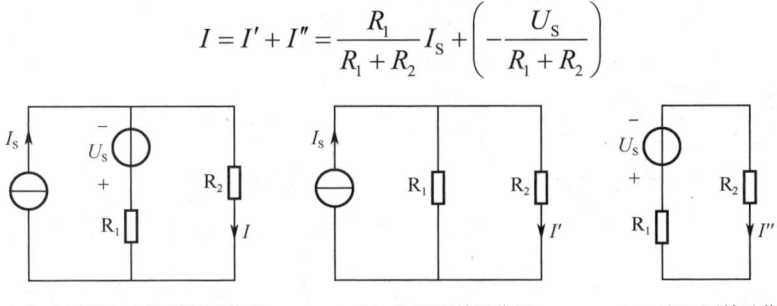

(a) 电压源与电流源共同作用　　(b) 电流源单独作用　　(c) 电压源单独作用

图 3-7　叠加定理示例图

应用叠加定理解题的步骤为：

（1）画图：将多个电源共同作用的电路图画成每个电源单独作用的电路图。

（2）计算：计算每个电源单独作用的支路电流（或端电压）。

（3）叠加：将每个电源单独作用的支路电流（或端电压）相加，即可得到多个电源共同作用的支路电流（或端电压）。

注意：应用叠加定理可降低电路分析、计算的难度，但需要多次计算单个电源作用的电路参数，且对于参考方向等细节问题不可忽略，否则将产生错误结论，所以应用时一定要严谨和细致。

应用叠加定理解题的注意事项为：

（1）叠加定理只能应用于线性电路中的电流和电压的计算，不适用于非线性电路。

（2）应用叠加定理时需格外注意电压与电流的参考方向，求其代数和。

（3）功率不是电压和电流的一次函数，所以叠加定理不能用于计算功率。

例 5：用叠加定理求解图 3-8（a）所示电路中流经电阻 R 的电流 I，其中 U_S=18V，R_S=3Ω，R=2Ω，I_S=6A。

解：

步骤1：画图，如图3-8（b）所示。

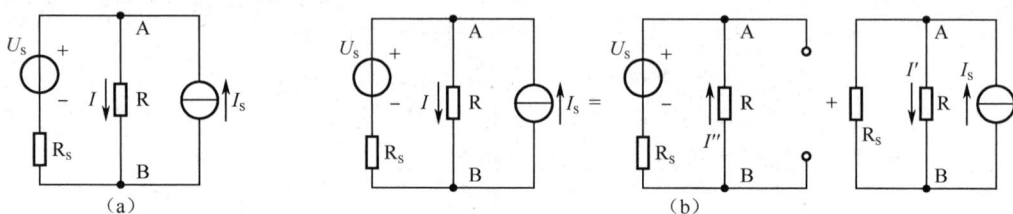

图3-8 例5图

步骤2：当电压源 U_S 单独作用时，计算得

$$I'' = \frac{-U_S}{R_S + R} = \frac{-18}{3+2} = -3.6\text{A}$$

当电流源 I_S 单独作用时，计算得

$$I' = I_S \times \frac{R_S}{R + R_S} = 6 \times \frac{3}{2+3} = 3.6\text{A}$$

步骤3：叠加计算得

$$I = I' + I'' = 3.6 + (-3.6) = 0\text{A}$$

例6： 用叠加定理求解如图3-9所示电路中流经电阻 R 的电流 I。

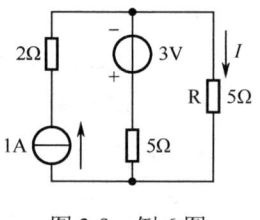

图3-9 例6图

解：

步骤1：画图，如图3-10所示。

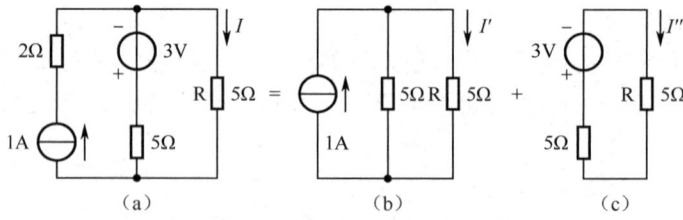

图3-10 电压源和电流源单独作用

步骤2：当电流源单独作用时，计算得

$$I' = 1 \times \frac{5}{5+5} = 0.5\text{A}$$

当电压源单独作用时，计算得

$$I'' = \frac{-3}{5+5} = -0.3\text{A}$$

步骤 3：叠加计算得

$$I = I' + I'' = 0.5 - 0.3 = 0.2\text{A}$$

注意：叠加定理可降低电路分析的难度，但重复计算量过大，所以当电路中电源过多时，叠加定理并非最优方法。

戴维南定理　　思考题

3.3.4 戴维南定理

戴维南定理又称等效电压源定律，是由法国科学家莱昂·夏尔·戴维南于 1883 年提出的。

对于外电路而言，任何一个有源线性二端网络，都可以用电压源与电阻串联的电路等效替代。其中电压源的电压等于有源线性二端网络的开路电压 U_{OC}，电阻等于有源线性二端网络内部所有独立电源作用为零时（电压源以短路代替，电流源以开路代替）的等效电阻 R_i，这就是戴维南定理，如图 3-11 所示。

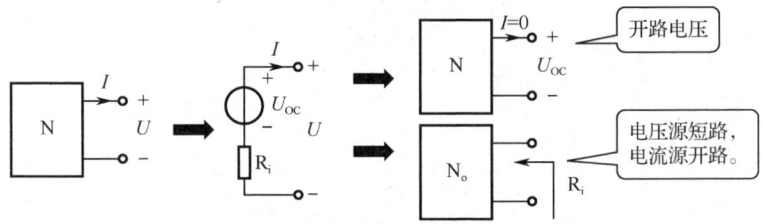

图 3-11　戴维南定理的内容

在图 3-12（a）所示电路中，有源线性二端网络 A 通过端子 a、b 与外电路相连，假设端口处的电压和电流为 U、I，若将外电路（如图 3-12（b）所示）用一个电流源代替（输出电流为 I），二端网络 A 端口处的电压和电流仍然为 U、I。

假设二端网络 A 内部的独立电源单独作用，外部电流源不作用，则电路如图 3-12（c）所示，二端网络 A 处于开路状态，令二端网络 A 的开路电压为 U_{OC}，则有

$$I' = 0, \quad U' = U_{OC}$$

假设二端网络 A 内部的独立电源不作用，外部电流源单独作用，则电路如图 3-12（d）所示，那么有源二端网络 A 就变成了无源二端网络 P，对外电路来说，电阻可用等效电阻 R_i 来代替，则有

$$I = I'', \quad U'' = -R_i I'' = -R_i I$$

叠加图 3-12（c）和图 3-12（d）可得一个实际电压源的模型，如图 3-12（e）所示。

$$I = I' + I'' = I''$$
$$U = U' + U'' = U_{OC} - IR_i$$

注意：应用戴维南定理时，对外电路并无特殊要求，对是否含有电源、是否为线性均无限制。

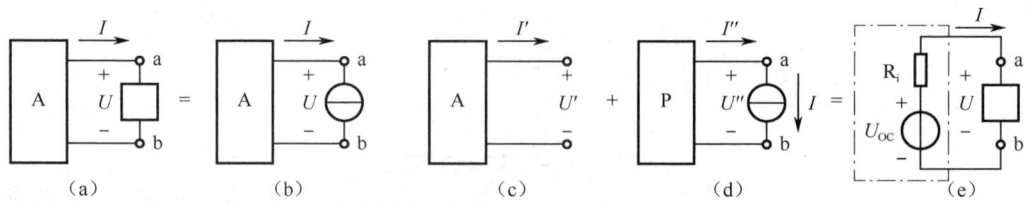

图 3-12 戴维南定理的证明

应用戴维南定理解题的步骤为:
(1) 画出把待求支路从电路中移去后的有源线性二端网络。
(2) 求有源线性二端网络的开路电压 U_{OC}。
(3) 求有源线性二端网络内部所有独立电源作用为零时的等效电阻 R_i。
(4) 画出戴维南等效电路,将待求支路连接起来,计算未知量。

注意:化简二端网络时,电压源视为短路,电流源视为开路。

例 7:用戴维南定理求解如图 3-13 所示电路中流经电阻 R 的电流 I。

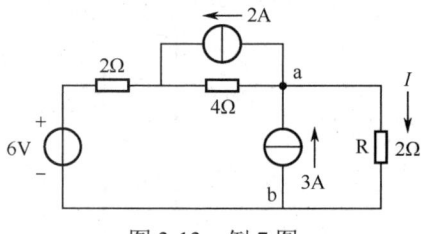

图 3-13 例 7 图

解:

步骤 1:画出把待求支路从电路中移去后的有源线性二端网络,如图 3-14 所示。

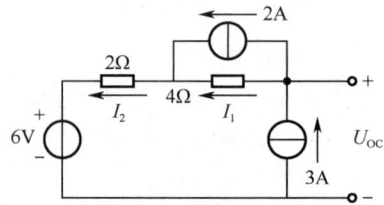

图 3-14 断开待求支路

步骤 2:求有源线性二端网络的开路电压 U_{OC}。

$$I_1 = 3 - 2 = 1A$$
$$I_2 = 3A$$
$$U_{OC} = 1 \times 4 + 3 \times 2 + 6 = 16V$$

步骤 3:求有源线性二端网络内部所有独立电源作用为零时的等效电阻。

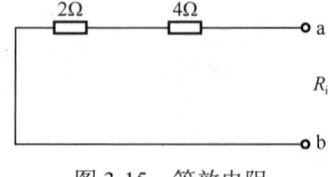

图 3-15 等效电阻

$R_i = 6\Omega$

步骤4：画出戴维南等效电路，将待求支路连接起来，如图3-16所示，计算电流 I 得

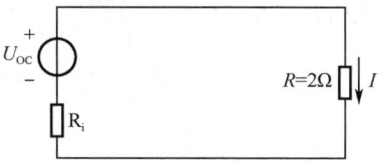

图3-16 戴维南等效电路

$$I = \frac{U_{OC}}{R + R_i} = \frac{16}{2+6} = 2A$$

例8：用戴维南定理求解图3-17所示电路中流经电阻 R_3 的电流 I。

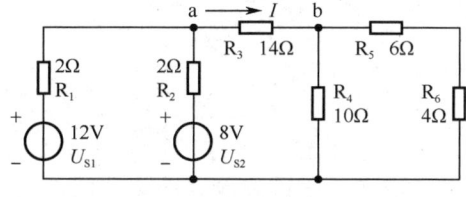

图3-17 例8图

解：

步骤1：画出把待求支路从电路中移去后的有源线性二端网络，如图3-18所示。

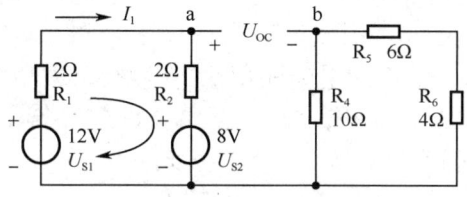

图3-18 断开待求支路

步骤2：求有源线性二端网络的开路电压 U_{OC}。

$$I_1 = \frac{(U_{S1} - U_{S2})}{R_1 + R_2} = \frac{4}{4} = 1A$$

$$U_{OC} = U_{S2} + I_1 R_2 = 8 + 1 \times 2 = 10V$$

步骤3：求有源线性二端网络内部所有独立电源作用为零时的等效电阻 R_i，如图3-19所示。

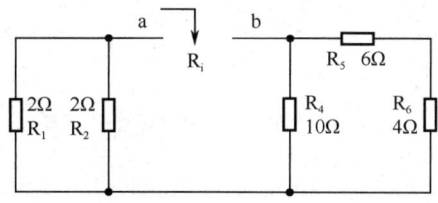

图3-19 求等效电阻电路

$$R_i = R_1 // R_2 + R_4 // (R_5 + R_6) = \frac{R_1 \times R_2}{R_1 + R_2} + \frac{R_4 \times (R_5 + R_6)}{R_4 + (R_5 + R_6)} = 1 + 5 = 6\Omega$$

步骤 4：画出戴维南等效电路，将待求支路连接起来，如图 3-20 所示。

图 3-20 戴维南等效电路

计算电流 I 得

$$I = \frac{U_{OC}}{R_i + R_3} = 0.5\text{A}$$

思考题

3.3.5 最大功率传输定理

电路分析方法在电源到负载功率传输系统的方案设计中有着重要作用，下面从功率传输效率和最大功率传输两方面来讨论功率传输问题。

发电站系统是强调功率传输效率的实例，发电站系统与发电、传输电和分配电有关，如果发电站系统的效率低，那么产生的功率将在电能传输和分配过程中损耗较大；通信和仪器系统则是强调最大功率传输的典型例子，在通过电信号传输信息时，发送器和探测器的有用功率会受到限制，所以我们希望将尽可能多的功率传输到接收器和负载。

以纯电阻电路为系统模型，在有源二端网络中，接收的负载不同，传输给负载的功率也不同，那负载电阻为何值时，能从有源二端网络当中获得最大功率呢？

图 3-21（a）中 A 为有源二端网络，R_L 为负载，根据戴维南定理，将任意一个有源二端网络等效成电压源串联内阻的支路来表示，如图 3-21（b）所示，则 R_L 消耗的功率为

$$P = I^2 R_L = \frac{R_L U_S^2}{(R_0 + R_L)^2}$$

R_L 过大时，流经 R_L 的电流就过小；R_L 过小时，负载电压就过小。这两种情况都不能使 R_L 上获得最大功率，所以在 $R_L = 0$ 和 $R_L \to \infty$ 之间一定有个电阻值使得负载可以获得最大功率，当负载电阻可调时，可以得到 P 随着 R_L 的变化而变化的曲线，如图 3-21（c）所示。

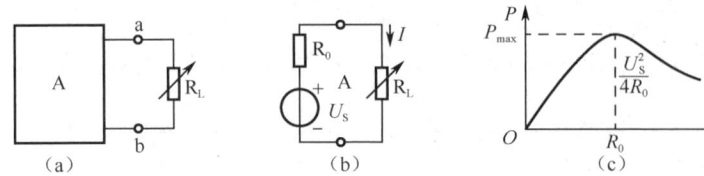

图 3-21 最大功率传输定理的内容

用导数求极大值，可得到负载获得最大功率的条件为

$$R_L = R_0$$

当负载电阻 R_L 等于等效电阻 R_0 时，负载获得最大功率，为

$$P_{\max} = \frac{U_S^2}{4R_0}$$

一般将负载获得最大功率的条件称为最大功率传输定理。在无线电领域，为了使负载获得最大功率，电路的工作点尽可能设计在 $R_L = R_0$ 处，称为阻抗匹配；在电力系统中，输送功率很大，效率并非第一重要，所以应使等效电阻远小于负载电阻，不能要求阻抗匹配。

例 9：用戴维南定理结合最大功率传输定理求解，图 3-22（a）中负载电阻 R_L 为何值时可获得最大功率，最大功率为多少？

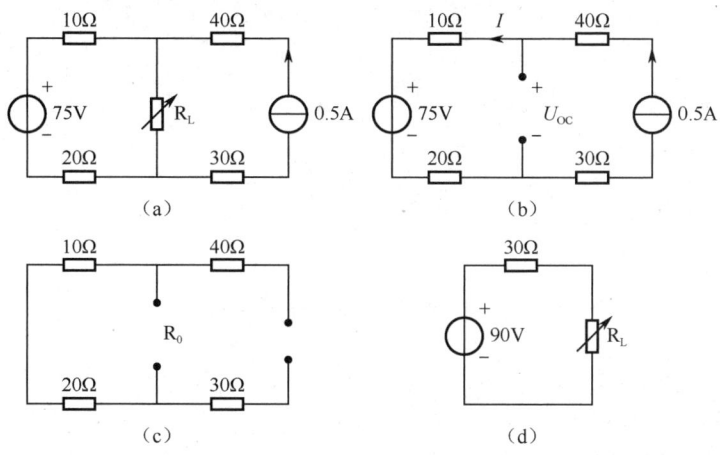

图 3-22 例 9 图

解：
步骤 1：画出把待求支路从电路中移去后的有源线性二端网络，如图 3-22（b）所示。
步骤 2：求有源线性二端网络的开路电压 U_{OC} 为
$$U_{OC} = 10 \times 0.5 + 75 + 20 \times 0.5 = 90\text{V}$$
步骤 3：求有源线性二端网络内部所有独立电源作用为零时的等效电阻 R_0，如图 3-22（c）所示，有
$$R_0 = 10 + 20 = 30\Omega$$
步骤 4：根据最大功率传输定理，当 $R_L = R_0 = 30\Omega$ 时，负载电阻 R_L 上可获得最大功率，最大功率为
$$P_{\max} = \frac{U_{OC}^2}{4R_0} = \frac{90^2}{4 \times 30} = 67.5\text{W}$$

3.4 虚拟仿真

3.4.1 叠加定理的仿真验证

1. 目标
（1）掌握叠加定理的解题步骤与注意事项。
（2）验证叠加定理的正确性。

仿真

（3）掌握单刀双掷开关的使用方法。

2. 仿真步骤

如图 3-23 所示，电压源 U_1 为 8V，电流源 I_S 为 3A，单刀双掷开关 S_1、S_2 可通过"选择元器件"对话框中的"Basic"－"SWITCH"－"SPDT"放置，为方便操作开关，需将开关的控制按键重新设置。如双击单刀双掷开关 S_2，在弹出的"开关"对话框的"参数"中，将"Key for Switch"设置为 A，则通过键盘上的 A 键可以快捷控制开关的动作。

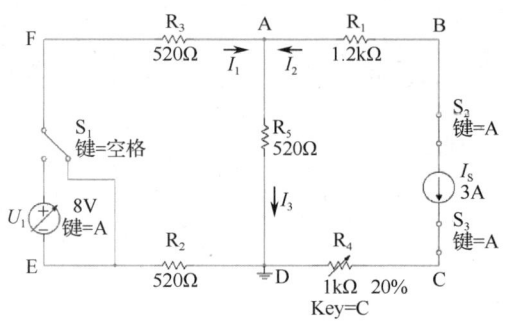

图 3-23　叠加定理验证仿真电路图

（1）将可变电阻器 R_5 的值设置成 200Ω，使电压源 U_1 单独作用（将开关 S_1 投向 U_1 侧），电流源 I_S 断开，测量各支路电流及各电阻元件两端的电压；使电流源 I_S 单独作用（将开关 S_1 投向短路侧），重复测量各支路参数；令 U_1 和 I_S 共同作用（将开关 S_1 投向 U_1 侧，电流源电路正常导通），重复测量各支路参数。将三次测量结果填在表 3-1 中，分析仿真数据，验证叠加定理的正确性。

表 3-1　R_5 的值为 200Ω 时的测量数据　　　　　　　　　　　　单位：V、A

	U_1	I_1	I_2	I_3	U_{AB}	U_{CD}	U_{AD}	U_{DE}	U_{FA}
U_1 单独作用									
I_S 单独作用									
U_1、I_S 共同作用									

（2）根据仿真数据计算 R_3 的功率，验证功率是否符合叠加定理。

将可变电阻器 R_5 的值设置成 500Ω，重复（1）的测量过程，将三次测量结果填在表 3-2 中，分析仿真数据，验证叠加定理是否仍然成立。

表 3-2　R_5 的值为 500Ω 时的测量数据　　　　　　　　　　　　单位：V、A

	U_1	I_1	I_2	I_3	U_{AB}	U_{CD}	U_{AD}	U_{DE}	U_{FA}
U_1 单独作用									
I_S 单独作用									
U_1、I_S 共同作用									

使用万用表测量各电压、电位的值，注意万用表接入的"+""-"极性。电压测量结果仿真示例如图 3-24 所示，电流测量结果仿真示例如图 3-25 所示。

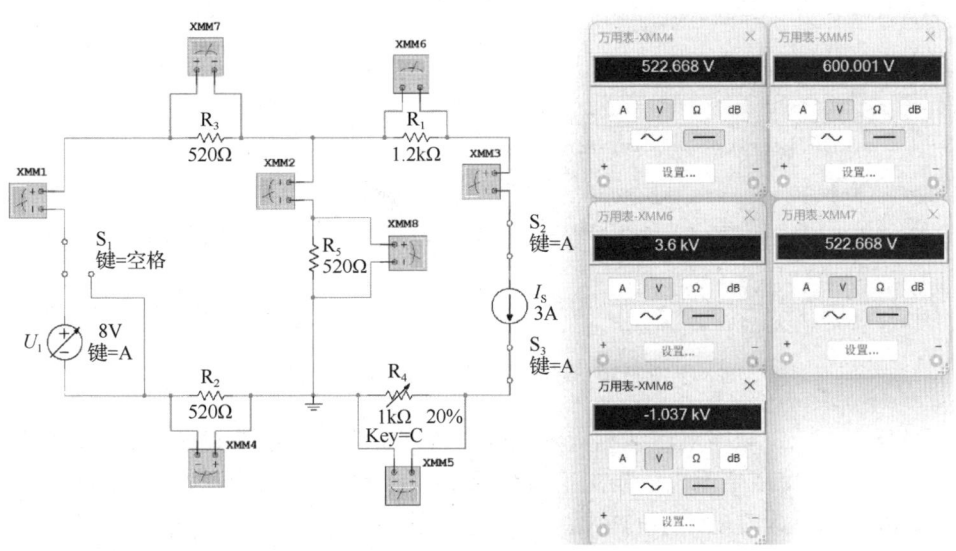

图 3-24 电压测量结果仿真示例

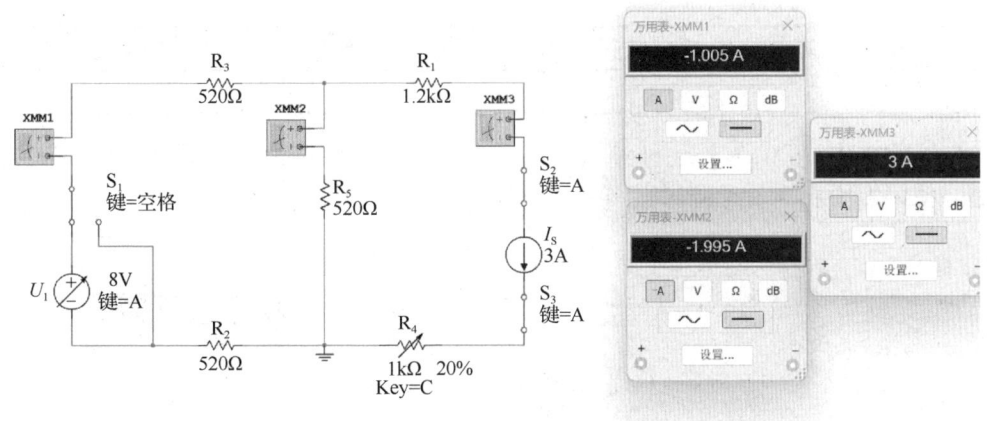

图 3-25 电流测量结果仿真示例

3.4.2 戴维南定理的仿真验证

1. 目标

（1）掌握戴维南定理的内容。
（2）验证戴维南定理的正确性。
（3）掌握测量有源二端网络等效参数的一般方法。

2. 仿真步骤

戴维南定理仿真验证电路如图 3-26 所示，直流恒流源 I_1 可通过"选择元器件"对话框中的"Sources-SIGNAL_CURRENT_S0...-DC_CURRENT"设置，设 $U_1=12\text{V}$，$I_1=10\text{mA}$。

仿真

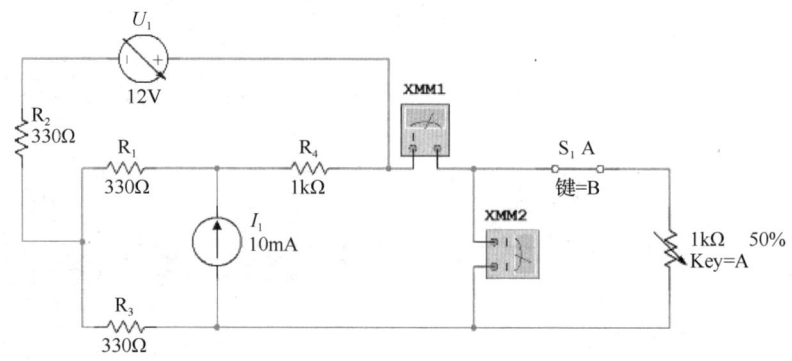

图 3-26 戴维南定理仿真验证电路图

（1）用开路电压、短路电流法测量戴维南等效电路的开路电压 U_{OC}、等效电阻 R_i。

不接负载 R_L，使用直流电压表测量该有源二端网络的开路电压 U_{OC}。将负载 R_L 短接，使用直流电流表测量此时电路中的短路电流 I_{SC}。根据 U_{OC}、I_{SC}，计算 R_i，并将测量与计算结果填写在表 3-3 中。

表 3-3 戴维南等效电路数据

U_{OC}/V	I_{SC}/mA	$R_i=(U_{OC}/I_{SC})/\Omega$

（2）等效电阻 R_i 的另外一种测量方法是令有源二端网络内部电压源 $U_1=0V$，电流源 $I_1=0mA$，使用万用表测量有源二端网络的等效电阻 R_i，如图 3-27 所示。

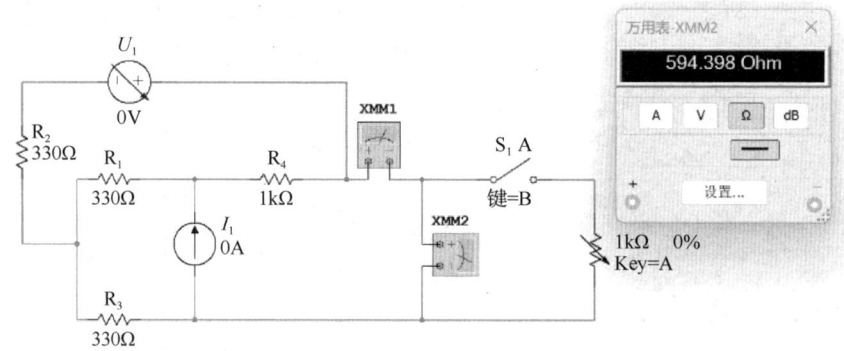

图 3-27 测量有源二端网络等效电阻 R_i

（3）将 R_L 的阻值分别设为 100Ω、200Ω、300Ω、400Ω、500Ω、1000Ω，测量有源二端网络的端口电压、电流，将测量值填入表 3-4 中，并根据测量结果绘制其外特性曲线。

表 3-4 二端网络外特性测量数据

R_L/Ω	100	200	300	400	500	1000
U/V						
I/mA						

（4）根据开路电压 U_{OC}、等效电阻 R_i 搭建戴维南等效电路，测量该等效电路的端口电压与电流，将测量数据填入表 3-5 中，并根据测量结果绘制外特性曲线。

表 3-5 等效电路外特性测量数据

R_L/Ω	100	200	300	400	500	1000
U/V						
I/mA						

测量开路电压 U_{OC} 仿真电路图如图 3-28 所示，测量短路电流 I_{SC} 仿真电路图如图 3-29 所示，测量有源二端网络的外特性仿真电路图如图 3-30 所示，测量等效电压源的外特性仿真电路图如图 3-31 所示，测量等效电流源的外特性仿真电路图如图 3-32 所示。

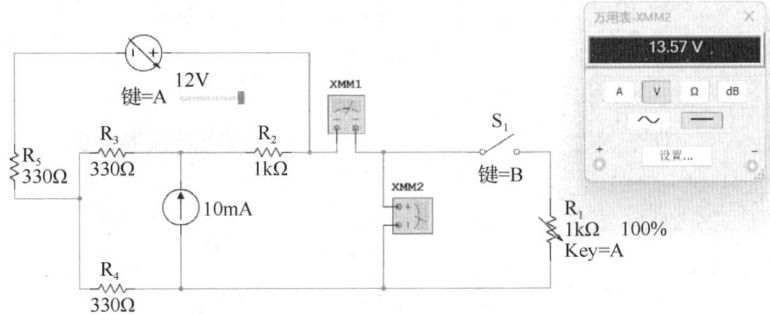

图 3-28 测量开路电压 U_{OC} 仿真电路图

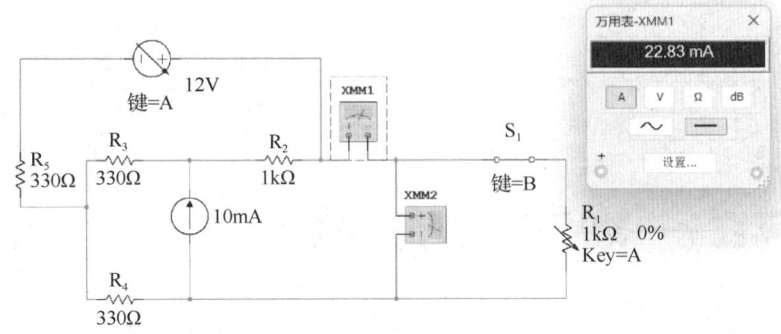

图 3-29 测量短路电流 I_{SC} 仿真电路图

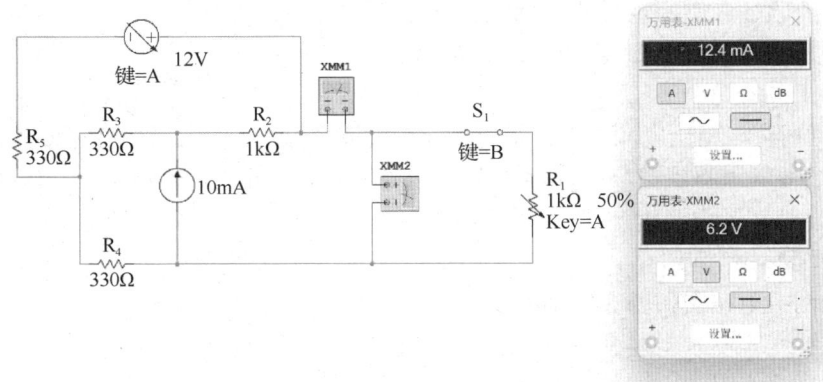

图 3-30 测量有源二端网络的外特性仿真电路图

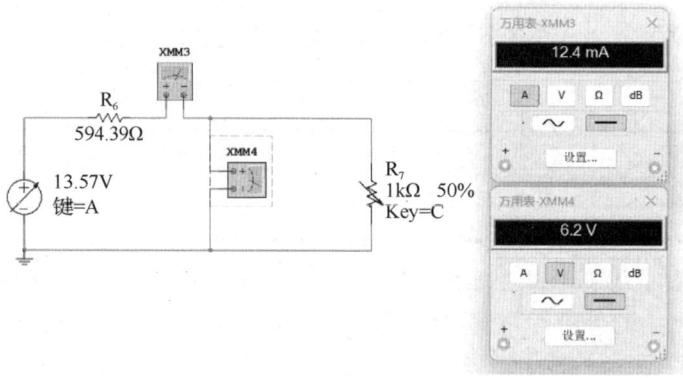

图 3-31　测量等效电压源的外特性仿真电路图

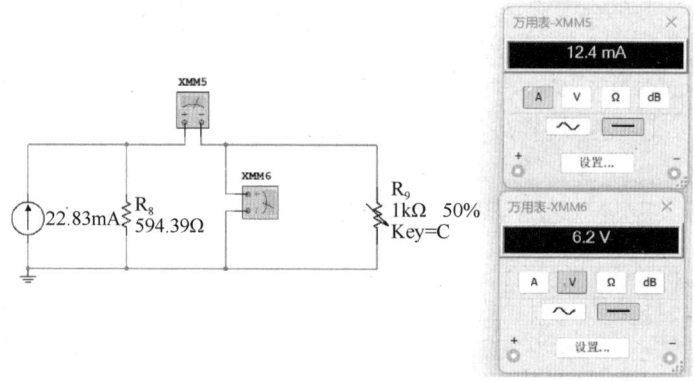

图 3-32　测量等效电流源的外特性仿真电路图

3.5　项目实践——戴维南定理的验证

1. 目标

（1）加深对戴维南定理的理解。
（2）用实验验证戴维南定理的正确性。
（3）掌握排除简单双电源电路故障的方法。

2. 设备

0~30V 可调直流稳压电源 1 个；0~500mA 可调直流恒流源 1 个；0~200V 直流数字电压表 1 个；0~200mA 直流数字毫安表 1 个；万用表 1 个；可调电阻箱 1 个；1kΩ/2W 电位器 1 个；戴维南定理实验电路板 1 块。

3. 实践步骤

有源二端网络电路图如图 3-33 所示。

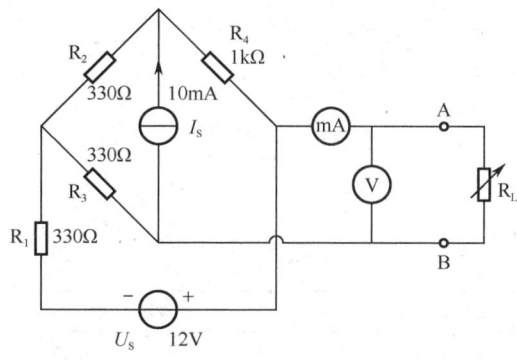

图 3-33 有源二端网络电路图

（1）用开路电压、支路电流法测量戴维南等效电路的开路电压 U_{OC}、等效电阻 R_i。

按照图 3-33 接入直流稳压电源 U_S=12V 和恒流源 I_S=10mA，不接 R_L，测出 U_{OC} 和 I_{SC} 的值，并计算得出 R_i（测 U_{OC} 时不接毫安表），将测量数据填入表 3-6 中。

表 3-6 未接负载 R_L 测量数据

U_{OC}/V	I_{SC}/mA	$R_i=(U_{OC}/I_{SC})/\Omega$

（2）负载实验。按照图 3-33 接入负载 R_L，改变 R_L 的阻值分别为 100Ω、200Ω、300Ω、400Ω、500Ω、1000Ω，测量有源二端网络的外特性，即负载两端的电压 U 和通过负载的电流 I，将测量数据填入表 3-7 中，并画出外特性曲线。

表 3-7 有源二端网络外特性测量数据

R_L/Ω	100	200	300	400	500	1000
U/V						
I/mA						

（3）验证戴维南定理。

从电阻箱上取得按步骤（1）所得的等效电阻 R_i 的数值，令其与 U_{OC} 相串联（U_{OC} 为直流稳压电源调到步骤（1）时所测得的开路电压值），按照步骤（2）测量其外特性，对戴维南定理进行验证，将测量数据填入到表 3-8 中，并画出外特性曲线。

表 3-8 等效电路外特性测量数据

R_L/Ω						
U/V						
I/mA						

注意：

（1）每次测量时都应核对电流表量程。

（2）安全用电，如需修改电路，先关电源再接线。

（3）若验证戴维南定理时发现数据有误差，请分析产生误差的原因。

（4）规范使用万用表，如欧姆挡必须经过调零后才能进行测量。用万用表直接测量内阻时，电路内部的独立电源必须先置零。

3.6 项目评价

项目工单

姓名		班级		成绩		工位	
项目要求		（1）叠加定理的仿真验证。 （2）戴维南定理的仿真与实操。 （3）双电源或多电源电路的故障排除。					
	任务完成结果（故障分析、存在问题等）					注意事项	
项目实施步骤： 结论与分析： 收获：							
评阅教师：				评阅日期：			
	考核细则						
从学生学习行为和效果两个维度展开评价，并为服务社会、技能大赛和考取证书单列分值。根据职业资格标准、学习过程、实际操作情况、学习态度等多方面进行考核，可分为自我评价、组内互评、教师评价和企业导师评价。 得分说明：自我评价占总分的30%，组内互评占总分的30%，教师评价占总分的40%，企业导师评价占总分的20%。							
	基本素养（20分）						
序号	考核内容		分值	自我评价	组内互评	教师评价	小计
1	考勤、课堂互动、讨论、头脑风暴参与度、小组团队合作		10				
2	安全文明规范操作规程		5				
3	实训室6S管理（整理、整顿、清扫、清洁、素养、安全）		5				
	理论知识（30分）						
序号	考核内容		分值	自我评价	组内互评	教师评价	小计
1	支路电流法		6				
2	节点电压法		6				
3	叠加定理		6				
4	戴维南定理		6				
5	最大功率传输定理		6				

续表

技能操作（50分）						
序号	考核内容	分值	自我评价	组内互评	企业导师评价	小计
1	叠加定理的仿真验证	20				
2	戴维南定理验证电路的仿真、安装、调试与故障排除	30				
	总分					

3.7 项目总结

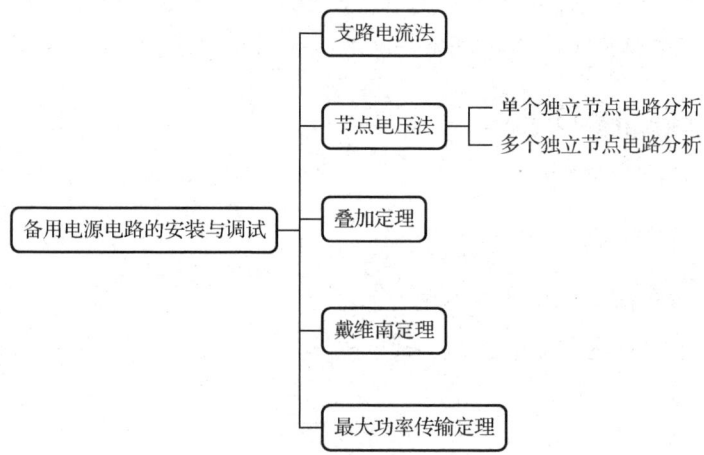

3.8 项目拓展

诺顿定理是戴维南定理的延伸，于1926年由西门子公司研究员汉斯·梅耶尔及贝尔实验室工程师爱德华·劳笠·诺顿分别提出。梅耶尔是两人中唯一在这个课题上发表过论文的人，而诺顿在贝尔实验室内部的一份技术报告上提及过这个发现。

诺顿定理指的是一个由电压源及电阻所组成的具有两个端点的电路系统，可以在电路上等效于由一个理想电流源 I 与一个电阻 R 并联的电路。对于单频的交流系统，此定理不只适用于电阻，亦可适用于广义的阻抗。诺顿等效电路用来描述线性电源与阻抗在某个频率下的等效电路，此等效电路是由一个理想电流源与一个理想阻抗并联所组成的。

大家发现诺顿定理与戴维南定理的异同了吗？请在课后积极主动地学习诺顿定理吧。

习题

项目四　家庭照明电路的安装与调试

4.1　项目引入

家庭电路一般由两根进户线（也叫电源线）、电能表、空气开关、漏电保护器、保险设备（空气开关及其他符合标准的熔断器）、用电器、插座、导线等组成。照明电路是家庭中最常用的电路，那照明电路如何进行量化分析呢？一起来学习正弦交流电路的知识吧。

4.2　项目目标与重难点

知识目标

（1）了解正弦交流电的基本概念。
（2）了解正弦交流电的三要素。
（3）掌握相量表示法。
（4）掌握单一元件在正弦交流电路中的伏安特性。
（5）掌握复杂正弦交流电路的分析方法。
（6）掌握功率因数与提高功率因数的方法。
（7）掌握互感耦合电路的基本知识。

技能目标

（1）会进行正弦交流电路的分析。
（2）能安装与调试家庭照明电路。

素质目标

（1）培养学生按章操作、依规行事的良好操作习惯。
（2）提高学生认真清理、清扫实训室的劳动意识。

学习重点

正弦交流电路分析、家庭照明电路的安装与调试。

学习难点

家庭照明电路的调试。

4.3 知识链接

4.3.1 正弦交流电的基础知识

正弦交流电路的基本概念　　　思考题

交流电的大小和方向是随时间不断变化的，每一瞬间电压（电动势）和电流的数值都不相同，所以在分析和计算交流电路时，必须标明它的正方向。

1. 正弦交流电的基本概念

如果电流或电压每经过一定时间（T）就重复变化一次，则此种电流、电压称为周期性交流电流或周期性交流电压。

大小和方向随时间有规律变化的电压和电流称为交流电，正弦交流电是随时间按照正弦函数规律变化的电压和电流。

如果电路中电动势的大小与方向均随时间按正弦规律变化，由此产生的电流、电压的大小和方向也符合正弦规律，这样的电路称为正弦交流电路。正弦电动势的表达式为 $e = E_m \sin(\omega t + \varphi_0)$，$E_m$ 为正弦电动势的幅值（最大值或峰值），ω 为角频率，φ_0 为初相位。正弦电动势波形图如图 4-1 所示。

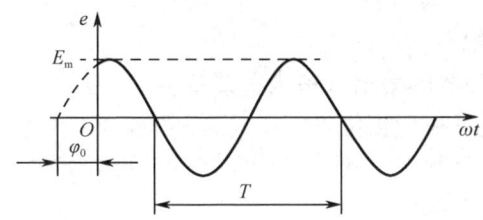

图 4-1　正弦电动势波形图

2. 正弦交流电的优点

正弦交流电是一种常见的电力形式，其之所以应用如此广泛，与它的稳定、传输效率高、适应性强、可控、安全和可靠等特点密不可分。

（1）稳定。

正弦交流电具有稳定的频率和幅值，不会产生突变或波动，所以在电力传输和供电系统中非常可靠，能够提供稳定的电力供应。正因如此，它适用于医疗设备、实验室仪器和计算机系统等精密仪器和设备。

注意：频率波动或幅值变化的其他形式的交流电会导致电力设备产生故障或电力供应不稳定。

（2）传输效率高。

正弦交流电可以通过变压器进行升压或降压，从而减少能量损耗，所以在长距离传输时具有较高的效率。正因如此，它成为电力输送和分配的首选形式，可以实现远距离的电力传输。

注意：直流电在传输过程中会有较大的能量损耗，需要更多的功率来弥补损失。

（3）适应性强。

正弦交流电可以较为方便地转换成直流电或其他频率的交流电，所以广泛应用于不同的电力设备和系统中，这种适应性还使得它可以与各种电力设备和系统配合使用，实现灵活的电力供应和控制。

注意：其他形式的交流电需要经过复杂的转换和调整才能适应不同的需求。

（4）可控。

正弦交流电的频率和幅值可以方便地进行调整和控制，所以可以满足不同设备和系统的需求。

（5）安全。

正弦交流电的频率和幅值经过标准化和规范化，符合安全标准，所以在使用时比其他形式的交流电更加安全，这种安全性使它成为家庭和工业用电的首选形式。

注意：其他形式的交流电可能存在频率和幅值不稳定的情况，相比于正弦交流电来说更可能对设备和人身安全造成威胁。

（6）可靠。

正弦交流电不容易受到外界干扰和损坏，这种可靠性使得正弦交流电在各种环境和应用中都能够正常工作。

注意：其他形式的交流电可能会受到电磁干扰、电压波动或其他因素的影响，导致设备故障或电力供应不稳定。

注意：我国工业用电频率为 50Hz。

3. 正弦交流电的三要素

图 4-1 中 E_m 为正弦电动势的幅值（最大值或峰值），ω 为角频率，φ_0 为初相位。正弦交流电当中只要最大值、角频率和初相位确定了，那正弦交流电随时间变化的关系也就确定了，所以把最大值、角频率和初相位定义为正弦交流电的三要素。

（1）幅值、瞬时值和有效值。

从图 4-2 可以看出，正弦交流电的大小和方向是随时间的变化而变化的，在整个变化过程中达到的最大值称为幅值，也称为最大值，用大写字母带小写下标表示，如 I_m、U_m、E_m 分别表示正弦电流的最大值、正弦电压的最大值和正弦电动势的最大值。最大值是一个确定的峰值，不随时间的变化而变化。

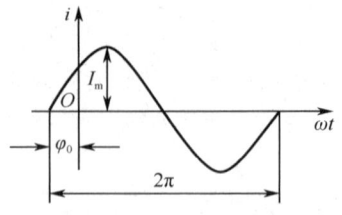

图 4-2 正弦电流波形图

注意：电压与电流的峰峰值指的是正向峰值和负向峰值的差值，峰峰值为最大值的两倍，用 U_{PP} 和 I_{PP} 表示。

正弦量在每个瞬间都对应一个不同的值，称为瞬时值，用小写字母表示，如 i、u、e 分别表示正弦电流的瞬时值、正弦电压的瞬时值和正弦电动势的瞬时值。正弦电流表达式为

$$i = I_m \sin(\omega t + \varphi_0) \tag{4-1}$$

因为瞬时值会随时间变化，为了更为方便地表示瞬时值的大小，引入有效值的概念。正弦交流电的有效值是根据交流电流和直流电流的热效应相等来确定的，即相同的电阻 R 分别接入直流电流 I 和交流电流 i 中，在相同的时间 T 内，产生的热效应相同。用这个不变的直流电流数值来表示正弦电流的有效值。有效值用大写字母表示，如 I、U、E 分别表示正弦电流、正弦电压和正弦电动势的有效值。

基于同等热效应原理可列有效值方程为

$$I^2 RT = \int_0^T i^2 R \, dt \tag{4-2}$$

整理可得

$$I = \sqrt{\frac{1}{T} \int_0^T i^2 \, dt} \tag{4-3}$$

设 $i = I_m \sin \omega t$，代入式 4-3 可得

$$I = \sqrt{\frac{1}{T} \int_0^T I_m^2 \sin^2 \omega t \, dt} = \sqrt{\frac{I_m^2}{T} \int_0^T \frac{1-\cos 2\omega t}{2} dt} = \sqrt{\frac{I_m^2}{2T} \left(\int_0^T 1 \, dt - \int_0^T \cos 2\omega t \, dt \right)} = \sqrt{\frac{I_m^2}{2T}(T-0)}$$

化简可得

$$I = \frac{I_m}{\sqrt{2}} \approx 0.707 I_m \tag{4-4}$$

同理可得电压与电动势的最大值与有效值也存在 $\sqrt{2}$ 倍的关系。正弦交流电的最大值等于有效值的 $\sqrt{2}$ 倍，即

$$I_m = \sqrt{2} I; \quad U_m = \sqrt{2} U; \quad E_m = \sqrt{2} E \tag{4-5}$$

注意：仪器仪表的测量值为有效值，电气设备的额定值也是有效值。

例 1：正弦电流 i 的波形如图 4-3 所示，请写出 i 的最大值、有效值和峰峰值。

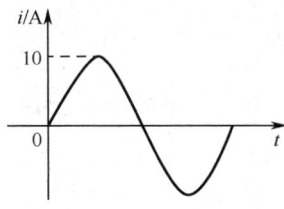

图 4-3　例 1 图

解：最大值 $I_m = 10$A，有效值 $I = 10 \div \sqrt{2} \approx 7.07$A，峰峰值 $I_{pp} = 2I_m = 20$A。

（2）周期（T）、频率（f）和角频率（ω）。

周期指正弦交流电循环变化一周所需的时间，用 T 表示。其单位是秒（s），常用的单位还有毫秒（ms）、微秒（μs）、纳秒（ns）。周期的测量可以是零值到零值，也可以是峰值到峰值，只要是一个完整的周期即可，如图 4-4 所示。

周期越大，变化一周所需时间越长，变化越慢；反之周期越小，变化一周所需时间越短，变化越快。

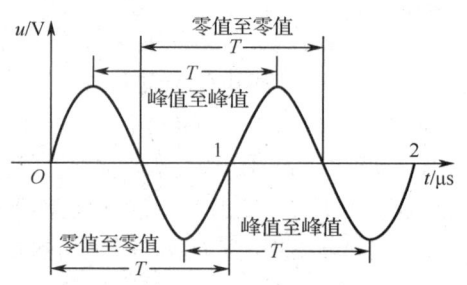

图4-4 正弦交流电周期测量方法图

频率指交流电在1s内完成周期性变化的次数,用f表示,单位是赫兹(Hz),简称赫,频率的常用单位还有千赫(kHz)、兆赫(MHz)。

周期和频率都是描述交流电变化速度的物理量,两者在数值上的关系为

$$f = \frac{1}{T} \tag{4-6}$$

描述交流电的变化速度的物理量除了周期和频率,还有角频率(电角度)。角频率用ω表示,单位为弧度/秒(rad/s),因为正弦交流物理量变化一个周期,角频率就改变2π弧度,而所需时间为T,所以角频率与周期、频率的关系如图4-5所示,为

$$\omega = \frac{2\pi}{T} = 2\pi f \tag{4-7}$$

周期、频率和角频率三者之间紧密相关,在已知其中一个时,可求解另外两个。例如,我国电力系统中,交流电的频率是50Hz,则周期$T=1/f=0.02$s,角频率$\omega=2\pi f\approx314$rad/s。

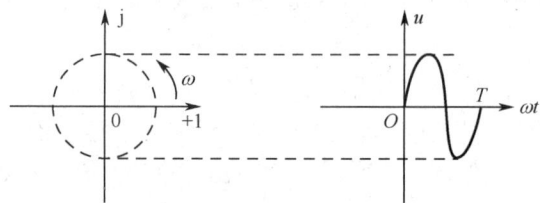

图4-5 角频率与周期、频率关系图

例2:如图4-6所示波形图,写出该波形的周期、角频率和频率。

解:$T = \dfrac{20}{4} = 5\text{s}$, $f = \dfrac{1}{T} = 0.2\text{Hz}$, $\omega = 2\pi f \approx 2 \times 3.14 \times 0.2 = 1.256\text{rad/s}$。

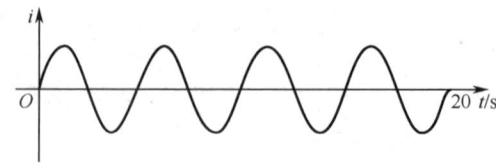

图4-6 例2图

(3)初相位与相位差。

正弦量所取的计时起点不同,初始值和到达最大值或者某一特定值的时间就不同,以正弦电压为例,有

$$u = U_m \sin \omega t \tag{4-8}$$
$$u = U_m \sin(\omega t + \varphi_0) \tag{4-9}$$

式 4-8 中 ωt 和式 4-9 中 $\omega t + \varphi_0$ 都是正弦量的相位角（相位），表示正弦量的进程，比较特殊的是 $t=0$ 时的相位角是一个常数，称为初相位，简称初相，用 φ_0 表示。

注意：规定初相位的绝对值不超过 180°，超过时，需换算成绝对值小于 180°的角。初相位可能取值的三种情况如图 4-7 所示。

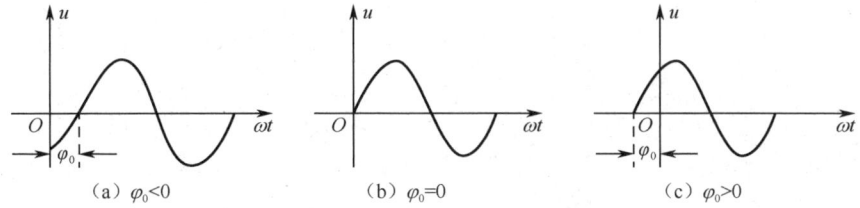

图 4-7 初相位可能取值的三种情况

注意：正弦量零点在坐标原点右侧，如图 4-7（a）所示，$\varphi_0 < 0$；正弦量零点在坐标原点，如图 4-7（b）所示，$\varphi_0 = 0$；正弦量零点在坐标原点左侧，如图 4-7（c）所示，$\varphi_0 > 0$。

若所取计时起点不同，则正弦量的初相位不同，在同一个交流电路中，电流、电压的频率相同，但初相位常常不同，设

$$u_1 = U_m \sin(\omega t + \varphi_1); \quad u_2 = U_m \sin(\omega t + \varphi_2) \tag{4-10}$$

同频率正弦量的相位角之差称为相位差，式 4-10 中的相位差为

$$\varphi_{12} = (\omega t + \varphi_1) - (\omega t + \varphi_2) = \varphi_1 - \varphi_2$$

注意：当两个同频率的正弦量计时起点改变时，初相位随之改变，但是相位差不变。
相位差决定了两个正弦量的相位关系，如图 4-8 所示，下面详细介绍几种相位关系。

① $0 < \varphi_{12} < \pi$，u_1 超前 u_2，超前角度为 $\varphi_1 - \varphi_2 = \varphi_{12}$，或称 u_2 滞后于 u_1，滞后角度为 $\varphi_1 - \varphi_2 = \varphi_{12}$，如图 4-8（a）所示。

② $-\pi < \varphi_1 - \varphi_2 = \varphi_{12} < 0$，称 u_1 滞后于 u_2，滞后角度为 φ_{12}。

③ $\varphi_1 - \varphi_2 = \varphi_{12} = 0$，称 u_1 和 u_2 同相，如图 4-8（b）所示。

④ $\varphi_1 - \varphi_2 = \varphi_{12} = \pi$，称 u_1 和 u_2 反相，如图 4-8（c）所示。

⑤ $\varphi_1 - \varphi_2 = \varphi_{12} = \pi/2$，称 u_1 和 u_2 正交，如图 4-8（d）所示。

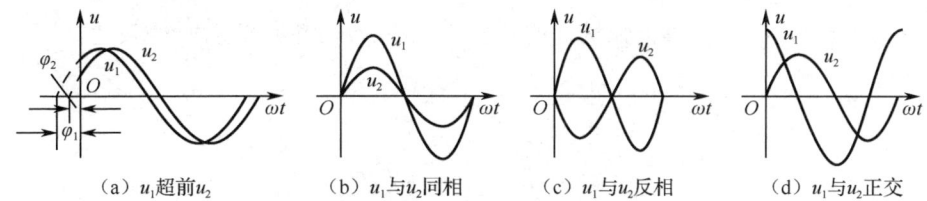

图 4-8 同频率正弦量的几种情况

例 3：已知 u、i 的正弦量解析式为 $u = 311.1\sin(314t + 220°)\text{V}$、$i = -141.4\sin(1000t + 60°)\text{A}$，请写出这两个正弦量的最大值、有效值、角频率、频率和初相位。

解：（1）初相位绝对值小于 180°，转换解析式为

$$u = 311.1\sin(314t + 220°) \approx 220\sqrt{2}\sin(314t - 140°)\text{V}$$

最大值 $U_m = 220\sqrt{2}$V、有效值 $U = 220$V、角频率 $\omega = 314$rad/s、频率 $f = 50$Hz、初相位 $\varphi_0 = -140°$。

（2） $i = -141.4\sin(1000t + 60°) = 141.4\sin(1000t + 60° + 180°) \approx 100\sqrt{2}(1000t - 120°)$A，最大值 $I_m = 100\sqrt{2}$A、有效值 $I = 100$A、角频率 $\omega = 1000$rad/s、频率 $f = 159$Hz、初相位 $\varphi_0 = -120°$。

例 4：正弦量波形如图 4-9 所示，请写出正弦量的解析式。

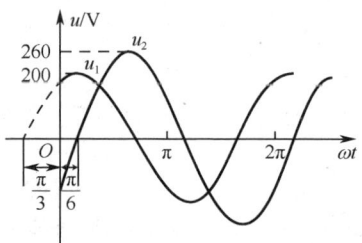

图 4-9 例 4 图

解：（1） u_1 的最大值 $U_{1m} = 200$V、角频率为 ω、初相位为 $60°$，所以 $u_1 = 200\sin(\omega t + 60°)$V。
（2） u_2 的最大值 $U_{2m} = 260$V、角频率为 ω、初相位为 $-30°$，所以 $u_2 = 260\sin(\omega t - 30°)$V。

例 5：请写出图 4-10 中正弦波 A、B 的初相位和相位差。

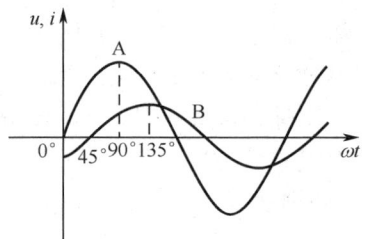

图 4-10 例 5 图

解：（1）初相位：正弦波 A 的零点在坐标轴的原点位置，初相位 $\varphi_A = 0°$；正弦波 B 的零点在坐标轴右侧，初相位 $\varphi_B = -45°$。
（2）相位差：$\varphi_{AB} = \varphi_A - \varphi_B = 0° - (-45°) = 45° > 0$，正弦波 A 超前正弦波 B $45°$。

例 6：图 4-11 中 i_R 为参考正弦量，请写出 i_R、u_R、u_L 和 u_C 的瞬时值表达式。

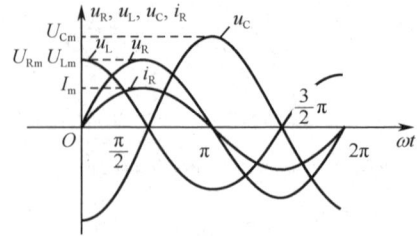

图 4-11 例 6 图

解：（1）由图可知 i_R 和 u_R 同相且初相位为零，所以 $i_R = I_m \sin\omega t$，$u_R = U_{Rm}\sin\omega t$。

（2）由图可知 u_L 超前 i_R $\dfrac{\pi}{2}$，为正交关系，所以 $u_L = U_{Lm}\sin\left(\omega t + \dfrac{\pi}{2}\right)$。

（3）由图可知 u_C 滞后 i_R $\dfrac{\pi}{2}$，为正交关系，所以 $u_C = U_{Cm}\sin\left(\omega t - \dfrac{\pi}{2}\right)$。

思考题

4.3.2　正弦交流电的表示方法

在正弦交流电路中，电压与电流都是随时间变化的，计算起来并不方便，而在任意瞬间，正弦波的大小都可以通过相位角与最大值来描述，因此正弦量除可以用三角函数式和正弦波表示外，还可以用相量来表示。

1．复数

在中学阶段我们学过，复数可以用 $A = a + bi$ 来表示，其中 a 为实部，b 为虚部，i 为虚部单位，$i = \sqrt{-1}$。因为在电工学当中 i 常用来表示电流，所以用 j 来表示虚部单位，同时 j 还具有旋转因子的含义，这样复数就可以写成 $A = a + jb$。

注意：j 称为旋转 90°的旋转因子，任意一个相量乘以 j 表示这个相量逆时针旋转了 90°，任意一个相量乘以 –j 表示这个相量顺时针旋转了 90°。

复平面是用来表示复数的直角坐标平面，复数在复平面中可以用图形表示，也可以用点或者矢量来表示。

（1）用点表示复数。

任何一个复数在复平面内都可以找到一个唯一的点与之对应，反过来说，复平面上的任意一个点都代表了一个唯一的复数。如图 4-12 所示，复数 A_1、A_2、A_3、A_4 可以表示为

$$A_1 = 1 + j,\ A_2 = -3,\ A_3 = -3 - 2j,\ A_4 = 3 - j$$

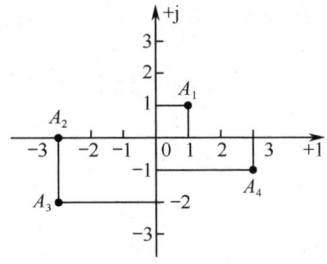

复数及其运算

图 4-12　用点表示复数

（2）用矢量表示复数。

图 4-13 中，r 表示矢量的长度，称为模；φ 表示矢量与实轴正半轴的夹角，称为辐角，r 和 φ 决定了复数的唯一性。

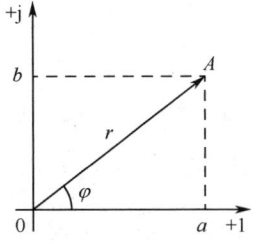

图 4-13　用矢量表示复数

用点和矢量表示复数的两种方式之间存在如下换算关系：

$$r = \sqrt{a^2 + b^2}, \quad \varphi = \arctan\frac{b}{a} \tag{4-11}$$

$$a = r\cos\varphi, \quad b = r\sin\varphi$$

（3）复数的四种表示形式。

代数式：$A = a + jb$

三角函数式：$A = r\cos\varphi + r\sin\varphi = r(\cos\varphi + \sin\varphi)$

指数式：$A = re^{j\varphi}$

极坐标式：$A = r\angle\varphi$

注意：代数式和极坐标式较为常用。

例7：请将下列复数的极坐标式转换成代数式。

① $5\angle 53.1°$。② $2\angle 90°$。③ $4.8\angle -90°$。

解：① $5\angle 53.1° = 5\cos 53.1° + j5\sin 53.1° \approx 3 + j4$

② $2\angle 90° = 2\cos 90° + j2\sin 90° = j2$

③ $4.8\angle -90° = 4.8\cos -90° + j4.8\sin -90° = -j4.8$

（4）复数的运算。

设有复数 $A_1 = a_1 + jb_1 = r\angle\varphi_1$，$A_2 = a_2 + jb_2 = r\angle\varphi_2$，$A_1$ 和 A_2 的加减运算常采用代数式，即两个复数的实部与实部相加减，虚部和虚部相加减，为

$$A_1 \pm A_2 = (a_1 \pm a_2) + j(b_1 \pm b_2) \tag{4-12}$$

A_1 和 A_2 的乘除运算常采用极坐标式，即两个复数的模相乘除，辐角相加减，为

$$A_1 \cdot A_2 = |A_1| \cdot |A_2| \angle (\varphi_1 + \varphi_2) \tag{4-13}$$

$$\frac{A_1}{A_2} = \frac{|A_1|}{|A_2|} \angle (\varphi_1 - \varphi_2) \tag{4-14}$$

复数的加减也可以用图解法来实现，如图4-14所示，复数相加符合平行四边形法则，复数相减符合三角形法则。

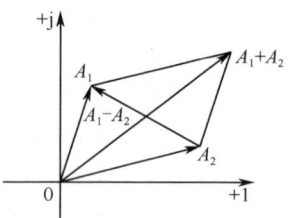

图4-14 复数加减矢量图

例8：已知复数 $A = 3 + j4$，$B = 6 - j8$，请写出 $A + B$、AB。

解：$A + B = 3 + j4 + (6 - j8) = (3 + 6) + j(4 - 8) = 9 - j4$

$AB = (3 + j4) \cdot (6 - j8) \approx 5\angle 53.1° \cdot 10\angle -53.1° = 50\angle 0°$

例9：已知复数 $A = 4\angle 0°$，$B = 5\angle -90°$，请写出 $\dfrac{AB}{A+B}$。

解：$A = 4\angle 0° = 4$，$B = 5\angle -90° = -j5$，$AB = 4\angle 0° \cdot 5\angle -90° = 20\angle -90°$，$A + B = 4 - j5 =$

$$\sqrt{4^2+5^2} \angle \arctan \frac{-5}{4} \approx 6.4 \angle -51.3°。$$

$$\frac{AB}{A+B} = \frac{20\angle -90°}{6.4\angle -51.3°} = 3.125\angle -38.7°$$

正弦量的相量形式

2. 正弦量的表示方法

已知最大值、角频率和初相位三个要素时，可写出该正弦量的瞬时值表达式，而在电路中电压与电流均是与电源同频率的正弦量，因此角频率已知且相同，可不必考虑，所以在做电路分析时，只需要知道表示正弦量的最大值和初相位即可。

（1）相量表示法。

复数由模和辐角两个特征量确定，所以可以用复数来表示正弦量，如正弦电压为

$$u = U_m \sin(\omega t + \varphi_u)$$

注意：电流与电动势的瞬时值为 $i = I_m \sin(\omega t + \varphi_i)$、$e = E_m \sin(\omega t + \varphi_e)$。

角频率 ω 作为已知量，在复数当中不体现，只需要体现电压的最大值和初相位这两个要素，具体为用电压的最大值对应复数的模，用电压的初相位对应复数的辐角，即正弦电压的复数形式为

$$\dot{U} = U \angle \varphi_u, \quad \dot{U}_m = U_m \angle \varphi_u \tag{4-15}$$

式中，$\dot{U}$ 为电压有效值相量，$\dot{U}_m$ 为电压最大值相量，用复数表示的正弦量称为正弦量的相量形示。

注意：复数不等同于相量，复数只是用来表示正弦量的一种形式。

已知正弦量的瞬时值表达式可以写出其相量形式，反之如果已知一个正弦量的相量形式也可以写出它的瞬时值表达式。

（2）相量图表示法。

相量图是指将表示正弦量的相量（复数）画在复平面上的图形。设一正弦电压 $u = U_m \sin(\omega t + \varphi_0)$，在平面直角坐标系中，以坐标原点 O 为端点作一条有向线段 OA，线段的长度为正弦量的最大值 U_m，旋转相量的起始位置与 x 轴正方向的夹角为正弦量的初相位 φ_0，以正弦量的角频率 ω 为角速度绕原点 O 逆时针匀速转动，即在任意时刻 t 旋转矢量与 x 轴正半轴的夹角为 $\omega t + \varphi_0$，则在任意时刻，旋转相量在纵轴上的投影就等于该时刻正弦量的瞬时值，如图 4-15 所示可完整反映出正弦量的最大值、角频率和初相位。

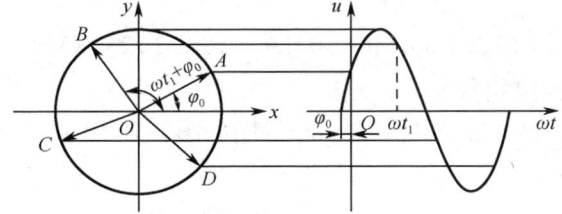

图 4-15 相量图表示法

注意：只有同频率正弦量的相量图画在同一个复平面上才有意义，不同频率正弦量的相量图画在同一个复平面上没有意义。

相量图的标准画法：

① 画基准线：一条水平虚线。

② 画有向线段的长度单位。
③ 从坐标原点出发，画有向线段。
④ 根据长度单位和各正弦量的最大值（或有效值）取各线段的长度，在线段末端加上箭头，并在箭头边标注出所表示的正弦量的相量符号。

注意：画有向线段时，有几个正弦量就画几条有向线段，与基准线的夹角为各正弦量的初相位。

规定：相量图中逆时针方向的角度为正，顺时针方向的角度为负。

由相量图能直观地看出各正弦量的大小和相互之间的相位关系，如图 4-16 所示，u 超前 i，超前角度为 φ。

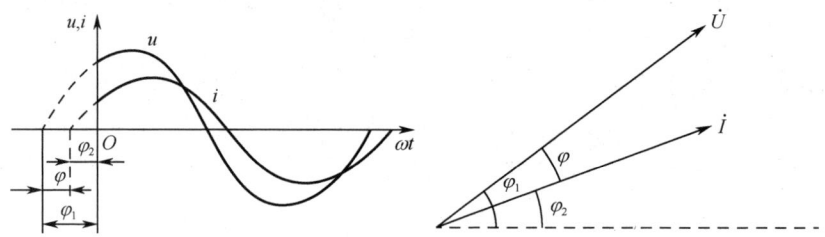

图 4-16 相量关系图

例 10：请写出下列正弦量的相量并画出相量图。
$i_A = 141.4\sin 314t \text{A}$，$i_B = 141.4\sin(314t + 120°)\text{A}$，$i_C = 141.4\sin(314t - 120°)\text{A}$。

解：分别用最大值相量表示正弦电流 i_A、i_B 和 i_C。相量图如图 4-17 所示。

$$\dot{I}_A \approx 100\sqrt{2}\angle 0° \text{A} ; \quad \dot{I}_B \approx 100\sqrt{2}\angle 120° \text{A} ; \quad \dot{I}_C \approx 100\sqrt{2}\angle -120° \text{A}$$

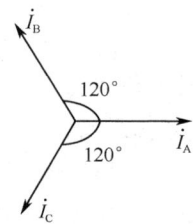

图 4-17 例 10 相量图

例 11：已知正弦量 $i = 10\sqrt{2}\sin(314t + 30°)\text{A}$，$u = 22\sqrt{2}\sin(314t - 45°)\text{V}$，请写出电流相量 $\dot{I}$ 和电压相量 $\dot{U}$，并画出相量图。

解：$\dot{I} \approx 10\angle 30° \text{A}$，$\dot{U} \approx 22\angle -45° \text{V}$。相量图如图 4-18 所示。

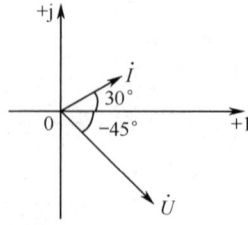

图 4-18 例 11 相量图

4.3.3 正弦交流电路中的元件特性

电阻、电感和电容三个参数均对正弦交流电路有影响,且影响大小各不相同。如果电路受某一个参数影响较大,其他两个参数影响小到可以忽略不计时,可认为该正弦交流电路为单一参数的交流电路,如纯电阻电路、纯电感电路和纯电容电路。

思考题

1. 电阻元件

只含有电阻元件的交流电路称为纯电阻电路,如图 4-19 所示。常见的纯电阻电路有照明灯电路、电烙铁电路等。

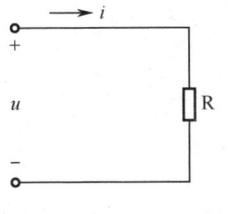

图 4-19 纯电阻电路图

电阻元件的正弦交流电路

(1) 电压与电流的关系。

如图 4-20 所示,在交流电路中,电压 u_R 和电流 i_R 是同频率的正弦量,设 $i_R = I_{Rm}\sin(\omega t + \varphi_i)$,根据欧姆定律可得

$$u_R = i_R R = I_{Rm} R \sin(\omega t + \varphi_i) = U_{Rm}\sin\omega t(\omega t + \varphi_u) \tag{4-16}$$

式中 $U_{Rm} = I_{Rm}R$,$\varphi_i = \varphi_u$。

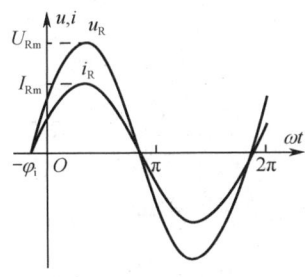

图 4-20 电压、电流波形图

注意:纯电阻电路中,电阻两端的电压与流经电阻的电流同相位($\varphi_{ui} = 0$),如图 4-21 所示。

图 4-21 电压、电流参考方向图

如用相量表示纯电阻电路中电压与电流的关系,则

$$\dot{U}_R = U_R \angle \varphi_u = I_R R \angle \varphi_i = \dot{I}_R R \tag{4-17}$$

此为欧姆定律的相量表达式,电压、电流相量图如图 4-22 所示。

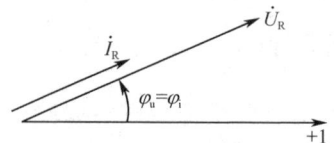

图 4-22 电压、电流相量图

（2）纯电阻电路的瞬时功率。

纯电阻电路的瞬时功率为任意瞬间电阻元件上电压瞬时值与电流瞬时值的乘积，即
$$p_R = u_R i_R$$

令 $i_R = I_{Rm}\sin(\omega t + \varphi_i)$，则 $u_R = U_{Rm}\sin(\omega t + \varphi_u)$，那么瞬时功率为

$$p_R = U_{Rm}I_{Rm}\sin^2(\omega t + \varphi_{ui}) = U_{Rm}I_{Rm}\frac{1 - \cos 2(\omega t + \varphi_{ui})}{2}$$

$$= \frac{1}{2}U_{Rm}I_{Rm}(1 - \cos 2(\omega t + \varphi_{ui})) = U_R I_R - U_R I_R \cos 2(\omega t + \varphi_{ui})$$

（4-18）

由式 4-18 可知，瞬时功率由常量 $U_R I_R$ 和交变量 $U_R I_R \cos 2(\omega t + \varphi_{ui})$ 组成，绘制瞬时功率波形图，如图 4-23 所示。

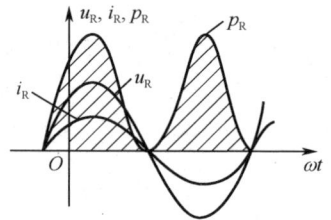

图 4-23 瞬时功率波形图

由图 4-23 可知，电阻元件的瞬时功率恒为正值，这说明电阻元件为纯耗能元件，在正弦交流电路中，除了电流为零的瞬间，电阻元件总是消耗功率的，且瞬时功率的周期为电压和电流的一半，这表示电阻元件的瞬时功率以相较于电压和电流 2 倍的频率随时间做周期性的变化。

（3）纯电阻电路的平均功率。

由于瞬时功率随时间不断变化，为方便计算分析，引入平均功率的概念。一般用一个周期内瞬时功率的平均值来表示功率大小，称为平均功率或有功功率，简称功率，单位为 W（瓦特）。

$$P_R = \frac{1}{T}\int_0^T p_R \mathrm{d}t = \frac{1}{T}\int_0^T [U_R I_R - U_R I_R \cos 2(\omega t + \varphi_{ui})]\mathrm{d}t = U_R I_R$$

整理可得

$$P_R = U_R I_R = I_R^2 R = \frac{U_R^2}{R}$$

（4-19）

注意：负载功率一般指平均功率，比如 40W 的灯泡。平均功率越大，表示该电路所消耗的功率就越大。

例 12：电阻 $R = 100\Omega$，R 两端的电压 $u_R = 141.4\sin(314t + 45°)\text{V}$，请求解 I_R、i_R 和 P_R 并画出 $\dot{U}_R$ 和 $\dot{I}_R$ 的相量图。

解：
$$I_R = \frac{U_R}{R} \approx \frac{100}{100} = 1\text{A}$$
$$i_R = \frac{u_R}{R} \approx \frac{100\sqrt{2}\sin(314t+45°)}{100} = \sqrt{2}\sin(314t+45°)\text{A}$$
$$P_R = U_R I_R \approx 100 \times 1 = 100\text{W}$$

相量图如图4-24所示。

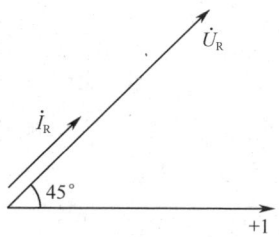

图4-24 例12相量图

2. 电感元件

只含有电感元件的交流电路称为纯电感电路，如图4-25所示。

电感元件的正弦交流电路

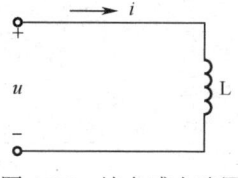

图4-25 纯电感电路图

（1）电压与电流的关系。

在交流电路中，u_L 和 i_L 为同频率的正弦量，设 $i_L = I_{Lm}\sin(\omega t + \varphi_i)$，$u_L$ 和 i_L 取关联参考方向，根据电感元件中电流与两端电压的关系，可得瞬时值为

$$u_L = L\frac{di_L}{dt} = LI_{Lm}\frac{d\sin(\omega t+\varphi_i)}{dt} = \omega L I_{Lm}\cos(\omega t+\varphi_i) = \omega L I_{Lm}\sin(\omega t+\varphi_i+90°) \quad (4\text{-}20)$$
$$= X_L I_{Lm}\sin(\omega t+\varphi_i+90°) = U_{Lm}\sin(\omega t+\varphi_u)$$

式中，$U_{Lm} = \omega L I_{Lm}$，$X_L = \omega L$，$\varphi_u = \varphi_i + 90°$，电压与电流的波形图如图4-26所示。

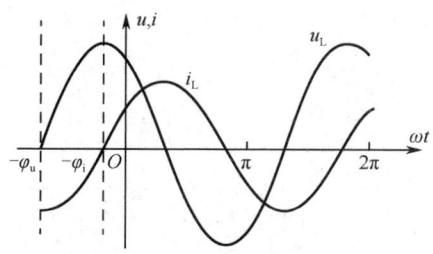

图4-26 电压与电流波形图

注意：感抗 X_L 表示电感元件对电流的阻碍作用，单位为 Ω（欧姆），$X_L = \omega L = 2\pi f L$。频率越大，角频率越大，感抗就越大，在电压一定的情况下，电流就越小，反之则电流越大。所以电感元件具有阻高频、通低频的作用，感抗频率特性曲线图如图4-27所示。

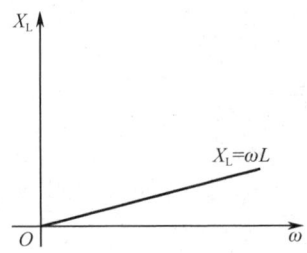

图 4-27 感抗频率特性曲线图

注意：在直流电路中，$f=0$，$\omega=0$，$X_L=0$，所以电感在直流电路中可视为短路；在交流电路中，$\omega \to \infty$，$X_L \to \infty$，电感相当于开路，所以电感具有通直流、阻交流的特性。

用相量表示电感元件上电压与电流的关系为

$$\dot{U}_L = jX_L \dot{I}_L = j\omega L \dot{I}_L \tag{4-21}$$

式 4-21 表示电压的有效值等于电流的有效值乘以感抗，在相位上电压比电流超前 90°，电压、电流相量图如图 4-28 所示。

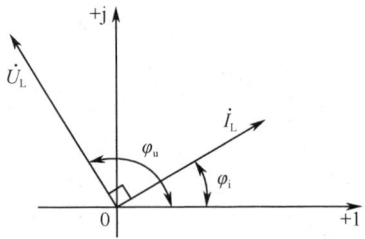

图 4-28 电压、电流相量图

（2）纯电感电路的瞬时功率。

纯电感电路瞬时功率波形图如图 4-29 所示，设电感元件上通过的电流初相位为零（$\varphi_i = 0$），$i_L = I_{Lm} \sin \omega t$，在关联参考方向下电感元件的电压超前电流 90°，$u_L = U_{Lm} \sin(\omega t + 90°)$，通过 $p_L = u_L i_L$ 可得，电感元件的瞬时功率为

$$p_L = u_L i_L = U_{Lm} \sin(\omega t + 90°) \cdot I_{Lm} \sin \omega t = \frac{1}{2} U_{Lm} I_{Lm} \sin 2\omega t = U_L I_L \sin 2\omega t \tag{4-22}$$

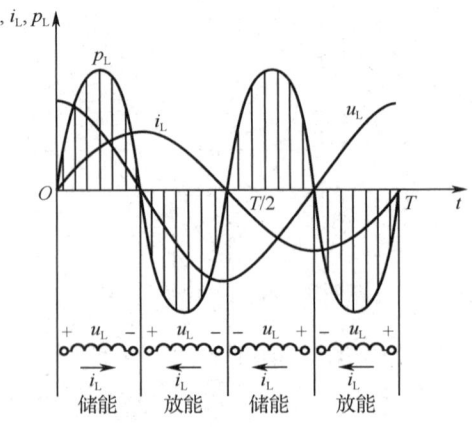

图 4-29 纯电感电路瞬时功率波形图

由图 4-29 可知，电流在 1/4 和 3/4 周期呈递增趋势，建立磁场，$p_L > 0$，电感元件吸收电能，并转换为磁场能量进行储存；电流在 2/4 和 4/4 周期呈递减趋势，磁场逐渐消失，$p_L < 0$，电感元件释放磁能并将其转换为电能为电路提供能量。

注意：理想情况下电感元件储存和释放能量是可逆的，在一个周期内，电感元件吸收和释放的能量相等。

电感元件的瞬时功率为 $p_L = u_L i_L = Li_L \dfrac{di_L}{dt}$，设 $t=0$ 的瞬间通过电感元件的电流为零，经过时间 t 电流增加至 i_L，则经任意时间 t 电感元件储存的磁能为

$$W_L = \int_0^t p_L dt = \int_0^t Li_L \frac{di_L}{dt} dt = \int_0^{i_L} Li_L di_L = \frac{1}{2}Li_L^2 \qquad (4\text{-}23)$$

（3）纯电感电路的平均功率。

电感元件的平均功率为瞬时功率在一个周期内的平均值，即

$$P_L = \frac{1}{T}\int_0^T p_L dt = \frac{1}{T}\int_0^T U_L I_L \sin 2\omega t \, dt = 0 \qquad (4\text{-}24)$$

由图 4-29 可知，一个周期内电感元件一半时间在储存能量，一半时间在释放能量，平均功率为零。

注意：电感元件与电源之间只有能量交换，电感元件本身并不消耗能量，是储能元件。

（4）纯电感电路的无功功率。

工程中用无功功率来表示电感元件与外界交换能量的规模，无功功率是电感元件瞬时功率的最大值，简称为感性无功功率，用 Q_L 表示，单位为 var（乏），其大小为

$$Q_L = U_L I_L = I_L^2 X_L = \frac{U_L^2}{X_L} \qquad (4\text{-}25)$$

电感的感抗能限制交变电流，因此常用电感线圈做限流器、高频扼流线圈等。

例 13：电感 $L=0.009$H，接在工频的 220V 交流电源上，请求解感抗 X_L，电流 I_L，无功功率 Q_L，最大储能 W_{Lm}；若频率 $f=2000$Hz，感抗 X_L 为多少？

解：我国工频为 50Hz，$L=0.009$H 近似可忽略不计。

$$X_L = \omega L = 2\pi fL \approx 2 \times 3.14 \times 50 \times 0.009 = 2.826\Omega$$

$$I_L = U_L / X_L = 220 / 2.826 \approx 77.85 \text{A}$$

$$Q_L = U_L I_L = 220 \times 77.85 = 17127 \text{var}$$

$$W_{Lm} = \frac{1}{2}Li_{Lm}^2 = \frac{1}{2} \times 0.009 \times (77.85\sqrt{2})^2 \approx 54.55 \text{J}$$

若频率 $f=2000$Hz，$X_L = \omega L = 2\pi fL \approx 2 \times 3.14 \times 2000 \times 0.009 = 113.04\Omega$。

3. 电容元件

只含有电容元件的交流电路称为纯电容电路，如图 4-30 所示。

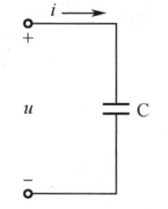

图 4-30 纯电容电路图

电容元件的正弦交流电路

（1）电压与电流的关系。

在交流电路中，u_C 和 i_C 为同频率的正弦量，如果在电容 C 两端加正弦电压，u_C 和 i_C 取关联参考方向，根据电容元件中电流与两端电压的关系，则

$$i_C = C\frac{du_C}{dt} = CU_{Cm}\frac{d(\sin\omega t + \varphi_u)}{dt} = \omega CU_{Cm}\cos(\omega t + \varphi_u)$$
$$= \omega CU_{Cm}\sin(\omega t + \varphi_u + 90°) = \frac{U_{Cm}}{X_C}\sin(\omega t + \varphi_u + 90°) = I_{Cm}\sin(\omega t + \varphi_i) \quad (4-26)$$

式中，$U_{Cm} = \frac{1}{\omega C}I_{Cm}$，$X_C = \frac{1}{\omega C}$，$\varphi_u = \varphi_i - 90°$，电压、电流波形图如图 4-31 所示。

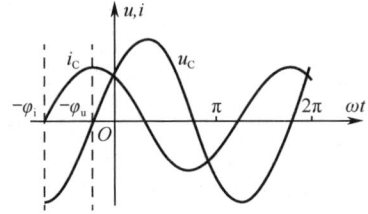

图 4-31　电压、电流波形图

注意：容抗 X_C 表示电容元件对电流的阻碍作用，单位为 Ω（欧姆），$X_C = \frac{1}{\omega C} = \frac{1}{2\pi fC}$。频率越大，角频率越大，容抗就越小，在电压一定的情况下，电流就越大，反之则电流越小。所以电容元件具有通高频、阻低频的作用。容抗频率特性曲线图如图 4-32 所示。

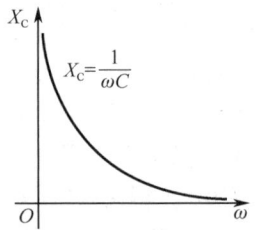

图 4-32　容抗频率特性曲线图

注意：在直流电路中，$f \to 0$，$\omega \to 0$，$X_C \to \infty$，$I \to 0$，所以电容元件在直流电路中可视为开路；在交流电路中，$\omega \to \infty$，$X_C \to 0$，电容视为短路，所以电容元件具有隔直流、通交流的特性。

用相量表示电容元件上电压与电流的关系为

$$\dot{U} = -jX_C\dot{I} = -j\frac{1}{\omega C}\dot{I} \quad （4-27）$$

式 4-27 表示电压的有效值等于电流的有效值乘以容抗，在相位上电压比电流滞后 90°，电压、电流相量图如图 4-33 所示。

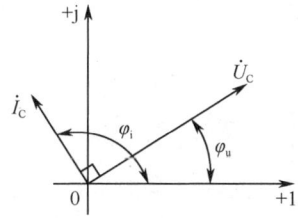

图 4-33 电压、电流相量图

（2）纯电容电路的瞬时功率。

纯电容电路瞬时功率波形图如图 4-34 所示，设电容元件上通过的电流初相位为零（$\varphi_i = 0$），$i_C = I_{Cm}\sin\omega t$，在关联参考方向下电容元件的电压滞后电流 90°，$u_C = U_{Cm}\sin(\omega t - 90°)$，可得电容元件的瞬时功率为

$$p_C = u_C i_C = U_{Cm}\sin(\omega t - 90°) \cdot I_{Cm}\sin\omega t = -\frac{1}{2}U_{Cm}I_{Cm}\sin 2\omega t = -U_C I_C \sin 2\omega t \tag{4-28}$$

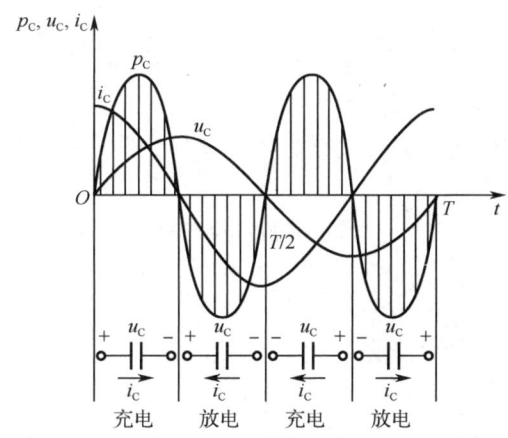

图 4-34 纯电容电路瞬时功率波形图

由图 4-34 可知，在 1/4 周期，电流和电压均为正值，即电压和电流的实际方向相同，瞬时功率为正值，即电容元件消耗功率，储存电能；在 2/4 周期，电压为正值，电流为负值，即电压和电流的实际方向相反，瞬时功率为负值，即电容元件输出功率，释放电能；在 3/4 周期，电流和电压均为负值，即电压和电流的实际方向相同，瞬时功率为正值，即电容元件消耗功率，储存电能；在 4/4 周期，电压为负值，电流为正值，即电压和电流的实际方向相反，瞬时功率为负值，即电容元件输出功率，释放电能。

注意：理想情况下电容元件储存和释放能量是可逆的，在一个周期内，电容元件吸收和释放的电能相等。

电容元件的瞬时功率为 $p_C = u_C i_C = Cu_C\dfrac{du_C}{dt}$，设 $t=0$ 瞬间电容元件的电压为零，经过时间 t 电压增加至 u_C，则经任意时间 t 电容元件储存的电能为

$$W_C = \int_0^t p_C dt = \int_0^t Cu_C \frac{du_C}{dt} dt = \int_0^{u_C} Cu_C du_C = \frac{1}{2}Cu_C^2 \tag{4-29}$$

(3) 纯电容电路的平均功率。

电容元件的平均功率为瞬时功率在一个周期内的平均值，即

$$P_C = \frac{1}{T}\int_0^T p_C dt = \frac{1}{T}\int_0^T -U_C I_C \sin 2\omega t\, dt = 0 \qquad (4-30)$$

由图 4-34 可知，一个周期内电容元件一半时间在储存能量，一半时间在释放能量，平均功率为零。

注意：电容元件只与外电路进行能量交换，电容元件本身并不消耗电能，是储能元件。

(4) 纯电容电路的无功功率。

将纯电容电路的无功功率定义为瞬时功率的最大值，即电容元件和电源之间能量交换的最大速率，用 Q_C 表示，单位为 var（乏），其大小为

$$Q_C = -U_C I_C = -I_C^2 X_C = -\frac{U_C^2}{X_C} \qquad (4-31)$$

注意：电容无功功率为负值，表示它与电感转换能量的过程相反，在电感吸收能量的同时，电容在释放能量，反之也成立。

例 14：电容 $C=50\mu F$，接在电源 $u=220\sqrt{2}\sin(1000t-45°)$ 上，请求解流过电容的电流 i_C、有功功率 P_C、无功功率 Q_C 和最大储能 W_{Cm}。

解：由 $u=220\sqrt{2}\sin(1000t-45°)$ 可得 $U_{Cm}=220\sqrt{2}V$，$U_C=220V$。

$$X_C = \frac{1}{\omega C} = \frac{1}{1000 \times 50 \times 10^{-6}} = 20\Omega$$

$$\dot{U}_C = U_C \angle \varphi_u = 220\angle -45°V$$

$$\dot{I}_C = \frac{\dot{U}_C}{-jX_C} = \frac{220\angle -45°}{20\angle -90°} = 11\angle 45°A$$

$$i_C = 11\sqrt{2}\sin(1000t+45°)A$$

电容为储能元件，一个周期内平均功率 $P_C=0$。

$$Q_C = -U_C I_C = -220 \times 11 = -2420\, var$$

$$W_{Cm} = \frac{1}{2}CU_{Cm}^2 = \frac{1}{2} \times 50 \times 10^{-6} \times (220\sqrt{2})^2 = 2.42J$$

电阻元件、电感元件和电容元件的对比情况见表 4-1。

表 4-1 电阻元件、电感元件和电容元件的对比情况

电路参数	电路图	基本关系	阻抗	电压与电流关系					功率	
				瞬时值	有效值	相量图		相量式	有功功率	无功功率
R	(电阻电路图)	$u=iR$	R	设 $i=\sqrt{2}I\sin\omega t$ 则 $u=\sqrt{2}U\sin\omega t$	$U=IR$	(相量图 $\varphi_u=\varphi_i$)		$\dot{U}=\dot{I}R$	UI I^2R	0
L	(电感电路图)	$u=L\dfrac{di}{dt}$	jX_L	设 $i=\sqrt{2}I\sin\omega t$ 则 $u=\sqrt{2}I\omega L$ $\sin(\omega t+90°)$	$U=IX_L$ $X_L=\omega L$	(相量图)		$\dot{U}=j\dot{I}X_L$	0	UI I^2X_L $\dfrac{U^2}{X_L}$

续表

电路参数	电路图	基本关系	阻抗	电压与电流关系				功率	
				瞬时值	有效值	相量图	相量式	有功功率	无功功率
C	(电容电路图)	$i = C\dfrac{du}{dt}$	$-jX_C$	设 $i=\sqrt{2}I\sin\omega t$ 则 $u=\sqrt{2}I\dfrac{1}{\omega C}\sin(\omega t-90°)$	$U = IX_C$ $X_C = \dfrac{1}{\omega C}$	(相量图)	$\dot{U} = -j\dot{I}X_C$	0	$-UI$ $-I^2X_C$ $-\dfrac{U^2}{X_C}$

4.3.4 基尔霍夫定律的相量形式

1. 相量形式的基尔霍夫电流定律

基尔霍夫电流定律（KCL）是基于电流连续性原理的电荷守恒定律在电路中的具体体现，在交流电路中，任意瞬间电流总是连续的，因此，在交流电路中，任意瞬间流入节点的电流之和等于流出该节点的电流之和，即

$$\sum i_入 = \sum i_出 \text{ 或 } \sum i = 0 \tag{4-32}$$

注意：交流电路中的 KCL 也可推广应用至封闭面。

该定律适用于瞬时值，也适用于正弦量的三角函数式，即流过电路中一个节点的各电流的代数和等于零。

在正弦交流电路中，各电流都是与电源同频率的正弦量，把这些同频率的正弦量用相量表示可得

$$\sum \dot{I} = 0 \quad \text{（相量形式的 KCL）} \tag{4-33}$$

注意：电流的符号由电流的参考方向确定。

例 15：如图 4-35 所示，电流表 A_1、A_2、A_3 的读数都是 15A，求解电流表 A 的读数。

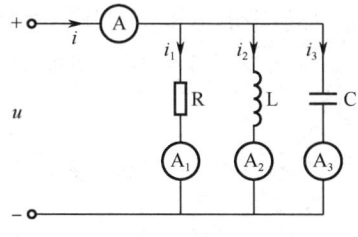

图 4-35 例 15 图

解：设端电压 $\dot{U} = U\angle 0°$，电流参考方向均指向电压负极，根据各元件特性可知电阻电压与电流同相，电感电压超前电流 $90°$，电容电压滞后电流 $90°$，各支路电流相量为

$$\dot{I}_1 = 15\angle 0°\text{A}, \quad \dot{I}_2 = 15\angle -90°\text{A}, \quad \dot{I}_3 = 15\angle 90°\text{A}$$

根据 KCL 得

$$\dot{I} = \dot{I}_1 + \dot{I}_2 + \dot{I}_3 = 15\angle 0° + 15\angle -90° + 15\angle 90° = 15\text{A}$$

2. 相量形式的基尔霍夫电压定律

基尔霍夫电压定律（KVL）是基于能量守恒原理的电压守恒定律在电路中的具体体现，在交流电路中，任意瞬间电路当中的任一回路中各元件的电压瞬时值代数和等于零，即

$$\sum u = 0 \tag{4-34}$$

伏安特性：在正弦交流电路中，各段电压都是同频率的正弦量，表示一个回路中各段电压相量的代数和等于零，即

$$\sum \dot{U} = 0 \quad （相量形式的 KVL） \tag{4-35}$$

3. 复阻抗

（1）定义。

电感元件对电流的阻碍作用称为感抗，电容元件对电流的阻碍作用称为容抗，把电路中所有元件对电流的阻碍作用用统一的复数形式来体现，称为复阻抗。

图 4-36（a）所示为无源二端网络，在电压与电流为关联参考方向的条件下，端口电压相量与电流相量的比值为复阻抗，即

$$Z = \frac{\dot{U}}{\dot{I}} \tag{4-36}$$

Z 为复阻抗，简称阻抗，单位是 Ω。图 4-36（b）所示为图 4-36（a）的等效电路。

注意：复阻抗是一个复数参数，不是表示正弦量的复数，所以它不是相量。

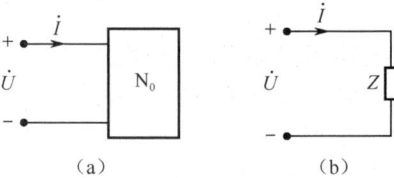

复阻抗

图 4-36 无源二端网络与等效电路

由复阻抗的定义可得它的极坐标形式为

$$Z = \frac{\dot{U}}{\dot{I}} = \frac{U \angle \varphi_u}{I \angle \varphi_i} = \frac{U}{I} \angle (\varphi_u - \varphi_i) = |Z| \angle \varphi_Z \tag{4-37}$$

式中，$|Z|$ 称为阻抗模，阻抗模的大小等于电压与电流的有效值之比，当电压有效值 U 一定时，阻抗模 $|Z|$ 越大，电流 I 越小，$|Z|$ 反映了电路对电流的阻碍作用；φ_Z 称为阻抗角，其大小是电压与电流的相位差，即

$$|Z| = \frac{U}{I}; \quad \varphi_Z = \varphi_u - \varphi_i \tag{4-38}$$

（2）伏安特性。

设电路中流过元件的是同一电流 i，初相位为零，取 i 为参考正弦量，即

$$\dot{I} = I \angle 0°$$

那么对应的相量为参考相量，即

电阻元件的电压：$\dot{U}_R = \dot{I} R$

电感元件的电压：$\dot{U}_L = j \dot{I} X_L$

电容元件的电压：$\dot{U}_C = -j \dot{I} X_C$

若将 R、L、C 元件串联，根据 KVL 可得电路两端的总电压为

$$\dot{U} = \dot{U}_R + \dot{U}_L + \dot{U}_C = R\dot{I} + jX_L\dot{I} - jX_C\dot{I} = [R + j(X_L - X_C)]\dot{I}$$

整理可得

$$\dot{U} = (R + jX)\dot{I} = Z\dot{I} \quad (4\text{-}39)$$

式中，$X = X_L - X_C$。

注意：复阻抗 Z 是一个复数，实部是 R，虚部是 X（电抗），单位是欧姆。

（3）单一元件的复阻抗。

电阻元件的复阻抗为

$$Z_R = R = \frac{\dot{U}_R}{\dot{I}} \quad (4\text{-}40)$$

电感元件的复阻抗为

$$Z_L = jX_L = \frac{\dot{U}_L}{\dot{I}_L} \quad (4\text{-}41)$$

电容元件的复阻抗为

$$Z_C = -jX_C = \frac{\dot{U}_C}{\dot{I}_C} \quad (4\text{-}42)$$

4.3.5 多参数正弦交流电路分析

单一参数的正弦交流电路是较为理想化的电路，实际生活中电路多为电阻元件、电感元件和电容元件的混联，要掌握实际交流电路，就必须知道如何分析 RLC 串、并联电路。

思考题

1. RLC 串联电路分析

（1）伏安特性。

电阻 R、电感 L 和电容 C 串联的 RLC 串联电路如图 4-37 所示，各元件电压 u_R、u_L、u_C 的参考方向均与电流的参考方向一致，设电路中流过各元件的电流 $i = I_m \sin \omega t$，那么各元件两端的电压分别为

$$u_R = RI_m \sin \omega t$$
$$u_L = X_L I_m \sin(\omega t + 90°)$$
$$u_C = X_C I_m \sin(\omega t - 90°)$$

RLC 串联电路的相量分析

根据 KVL 得

$$u = u_R + u_L + u_C = RI_m \sin \omega t + X_L I_m \sin(\omega t + 90°) + X_C I_m \sin(\omega t - 90°)$$
$$= \sqrt{2}IR \sin \omega t + \sqrt{2}I\omega L \sin(\omega t + 90°) + \sqrt{2}I\frac{1}{\omega C}\sin(\omega t - 90°) \quad (4\text{-}43)$$

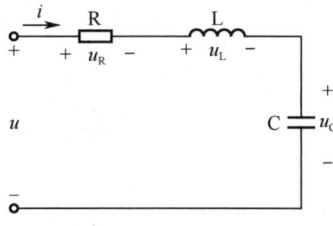

图 4-37 RLC 串联电路

由于电阻、电感和电容两端的电压与电流在交流电路中都是同频率不同相位的正弦量，各电压和电流都可以用相量来表示，如图 4-38 所示，即

$$\dot{U} = \dot{U}_R + \dot{U}_L + \dot{U}_C = R\dot{I} + jX_L\dot{I} - jX_C\dot{I} = \dot{I}[R + j(X_L - X_C)] = \dot{I}(R + jX) = \dot{I}Z \quad (4-44)$$

式中，Z 为 RLC 串联电路的总阻抗，数值上等于串联电路中各元件的阻抗之和。

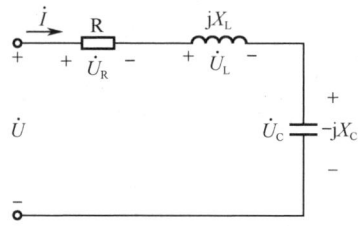

图 4-38 RLC 串联电路相量图

结合前面复阻抗的知识可得

$$|Z| = \frac{U}{I} = \sqrt{R^2 + (X_L - X_C)^2} = \sqrt{R^2 + X^2} \quad (4-45)$$

阻抗角为

$$\varphi_Z = \varphi_u - \varphi_i = \arctan\frac{X_L - X_C}{R} = \arctan\frac{\omega L - \frac{1}{\omega C}}{R} = \arctan\frac{X}{R} \quad (4-46)$$

由式 4-46 可得，阻抗模 $|Z|$、电阻 R、电抗 X 构成一个阻抗三角形，如图 4-39 所示，阻抗三角形的实部为电阻 $R = |Z|\cos\varphi_Z$，虚部为电抗 $X = |Z|\sin\varphi_Z$。

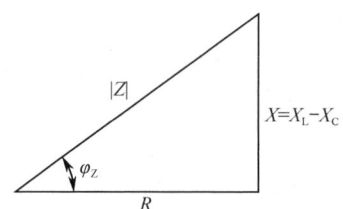

图 4-39 阻抗三角形

设 $\dot{I} = I\angle 0°$，φ_Z 存在三种情况，对应电路的三种性质，具体见表 4-2。

表 4-2 电路的三种性质

阻抗角 φ_Z	X_L 和 X_C	φ_u 和 φ_i	电路性质	复阻抗	相量图
$\varphi_Z > 0$	$X_L > X_C$	$\varphi_u > \varphi_i$	电感性		
$\varphi_Z = 0$	$X_L = X_C$	$\varphi_u = \varphi_i$	电阻性 串联谐振		

续表

阻抗角 φ_Z	X_L 和 X_C	φ_u 和 φ_i	电路性质	复阻抗	相量图
$\varphi_Z < 0$	$X_L < X_C$	$\varphi_u < \varphi_i$	电容性	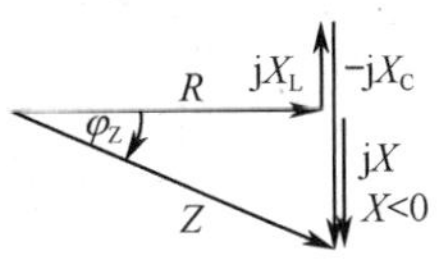 ![复阻抗图] R, jX_L, $-jX_C$, jX, $X<0$, Z, φ_Z	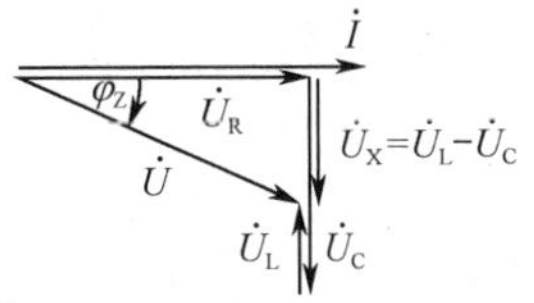 ![相量图] $\dot{I}$, $\dot{U}_R$, $\dot{U}_X = \dot{U}_L - \dot{U}_C$, $\dot{U}$, $\dot{U}_L$, $\dot{U}_C$, φ_Z

由表 4-2 相量图可知，$\dot{U}_R$、$\dot{U}_X = \dot{U}_L - \dot{U}_C$ 和 $\dot{U}$ 组成一个电压三角形，其中 $\varphi_Z = \varphi_u - \varphi_i$ 为电压超前电流的相位差。

通过电压三角形可得

$$U = \sqrt{U_R^2 + (U_L - U_C)^2}$$
$$\varphi_Z = \arctan\frac{U_L - U_C}{U_R}$$
$$U_R = U\cos\varphi_Z$$
$$U_L - U_C = U\sin\varphi_Z$$
（4-47）

（2）复阻抗的串联。

如图 4-40 所示，无源二端网络中有 n 个复阻抗串联，串联电路的等效复阻抗为串联的各复阻抗之和，即

$$Z = \frac{\dot{U}}{\dot{I}} = \frac{\dot{U}_1 + \dot{U}_2 + \cdots + \dot{U}_n}{\dot{I}} = \frac{\dot{U}_1}{\dot{I}} + \frac{\dot{U}_2}{\dot{I}} + \cdots + \frac{\dot{U}_n}{\dot{I}} = Z_1 + Z_2 + \cdots + Z_n \quad (4\text{-}48)$$

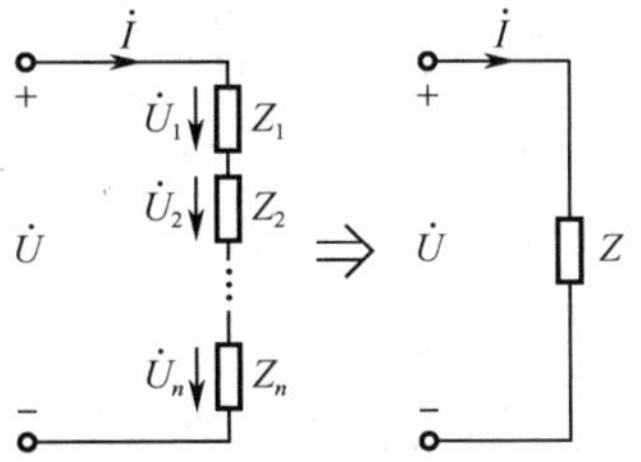

图 4-40 串联复阻抗及等效电路

若串联的复阻抗分别为 $Z_1 = R_1 + jX_1$，$Z_2 = R_2 + jX_2$，…，$Z_n = R_n + jX_n$，则等效复阻抗为

$$Z = Z_1 + Z_2 + \cdots + Z_n = (R_1 + jX_1) + (R_2 + jX_2) + \cdots + (R_n + jX_n)$$
$$= (R_1 + R_2 + \cdots + R_n) + j(X_1 + X_2 + \cdots + X_n)$$
（4-49）

整理可得

$$Z = R + jX = |Z|\angle\varphi_Z \quad (4\text{-}50)$$

式中，$R = R_1 + R_2 + \cdots + R_n$ 为串联电路的等效电阻，是阻抗三角形的实部，$X = X_1 + X_2 + \cdots + X_n$ 为串联电路的等效电抗，是阻抗三角形的虚部，$|Z| = \sqrt{R^2 + X^2}$ 为串联电路的阻抗，$\varphi_Z = \arctan\frac{X}{R}$ 为串联电路的阻抗角，等效复阻抗 Z 可以表示成 R 和 jX 两部分的串联。

注意：$|Z| \neq |Z_1| + |Z_2| + \cdots + |Z_n|$，$\varphi_Z \neq \varphi_1 + \varphi_2 + \cdots + \varphi_n$。

例 16：如图 4-41 所示为家庭照明电路原理图，家庭用电频率为 50Hz，设仪表测量值

U=220V,I=0.8A,P=20W,请求解电阻 R 和电感 L 的值。

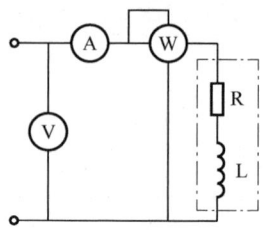

图 4-41　例 16 图

解：$P = 20\text{W}$,$I = 0.8\text{A} \rightarrow R = \dfrac{P}{I^2} = \dfrac{20}{0.8^2} = 31.25\Omega$

$U_R = IR = 0.8 \times 31.25 = 25\text{V}$

$U_L = \sqrt{U^2 - U_R^2} = \sqrt{220^2 - 25^2} \approx 218.57\text{V}$

$X_L = \dfrac{U_L}{I} = \dfrac{218.57}{0.8} = 273.2125\Omega$

$L = \dfrac{X_L}{2\pi f} \approx \dfrac{273.2125}{2 \times 3.14 \times 50} \approx 0.87\text{H}$

例 17：RLC 串联电路如图 4-42 所示,R=15Ω,L=79mH,C=25μF,接在正弦电压 $u = 220\sqrt{2}\sin 1000t\text{V}$ 上,请求解电路中的电流 i、u_R、u_L 和 u_C。

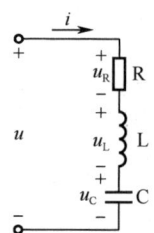

图 4-42　例 17 图

解：$u = 220\sqrt{2}\sin 1000t\text{V} \rightarrow \begin{cases} U = 220\text{V} \rightarrow \dot{U} = 220\angle 0°\text{V} \\ \omega = 1000\text{rad/s} \rightarrow \begin{cases} L=79\text{mH} \rightarrow X_L = \omega L = 1000 \times 79 \times 10^{-3} = 79\Omega \\ C=25\mu\text{F} \rightarrow X_C = \dfrac{1}{\omega C} = \dfrac{1}{1000 \times 25 \times 10^{-6}} = 40\Omega \end{cases} \end{cases}$

复阻抗 $\begin{cases} Z_R = 15\Omega \\ Z_L = jX_L = j79\Omega \\ Z_C = -jX_C = -j40\Omega \end{cases} \Rightarrow Z = Z_R + Z_L + Z_C = 15 + j79 - j40 = 15 + j39 \approx 41.79\angle 68.96°\Omega$

串联电路中电流相量为

$\dot{I} = \dfrac{\dot{U}}{Z} = \dfrac{220\angle 0°}{41.79\angle 68.96°} \approx 5.26\angle -68.96°\text{A} \rightarrow i = 5.26\sqrt{2}\sin(1000t - 68.96°)\text{A}$

各元件电压相量与解析式为

$$\begin{cases}\dot{U}_R = Z_R \dot{I} = 15 \times 5.26\angle -68.96° = 78.9\angle -68.96°\text{V} \\ \dot{U}_L = Z_L \dot{I} = 79\angle 90° \times 5.26\angle -68.96° = 415.54\angle 21.04°\text{V} \\ \dot{U}_C = Z_C \dot{I} = 40\angle -90° \times 5.26\angle -68.96° = 210.4\angle -158.96°\text{V}\end{cases} \Rightarrow \begin{cases}u_R = 78.9\sqrt{2}\sin(1000t - 68.96°)\text{V} \\ u_L = 415.54\sqrt{2}\sin(1000t + 21.04°)\text{V} \\ u_C = 210.4\sqrt{2}\sin(1000t - 158.96°)\text{V}\end{cases}$$

2. RLC 并联电路分析

（1）单一元件电阻并联。

如图 4-43 所示，多个电阻元件首尾各自相连称为电阻元件的并联，设端口电压为 $\dot{U}$，则

$$\dot{I} = \dot{I}_1 + \dot{I}_2 + \dot{I}_3 = \frac{\dot{U}}{R_1} + \frac{\dot{U}}{R_2} + \frac{\dot{U}}{R_3} = \dot{U}\left(\frac{1}{R_1} + \frac{1}{R_2} + \frac{1}{R_3}\right), \quad \frac{1}{R_1} + \frac{1}{R_2} + \frac{1}{R_3} = \frac{\dot{I}}{\dot{U}} = G$$

式中，G 为电导，单位是 S（西门子），电导在数值上等于电阻的倒数。多个电阻并联电路的电导等于并联的各电阻的倒数之和。

注意：电阻并联电路中，总电压与总电流同相位，且满足 $\dot{I} = \dot{I}_1 + \dot{I}_2 + \dot{I}_3$。

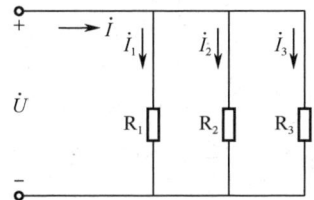

图 4-43 电阻元件的并联电路

RLC 并联电路的相量分析

（2）单一元件电感并联。

如图 4-44 所示为电感元件的并联电路，根据电感元件的伏安特性可知

$$u = L_1\frac{\text{d}i_1}{\text{d}t} = L_2\frac{\text{d}i_2}{\text{d}t} \tag{4-51}$$

换算可得

$$i_1 = \frac{1}{L_1}\int u\text{d}t \;;\quad i_2 = \frac{1}{L_2}\int u\text{d}t \tag{4-52}$$

根据 KCL，有

$$i = i_1 + i_2 \tag{4-53}$$

将式 4-52 代入式 4-53 得

$$i_1 + i_2 = \frac{1}{L_1}\int u\text{d}t + \frac{1}{L_2}\int u\text{d}t = \frac{1}{L}\int u\text{d}t \tag{4-54}$$

式中，$\dfrac{1}{L} = \dfrac{1}{L_1} + \dfrac{1}{L_2}$，$L = \dfrac{L_1 \cdot L_2}{L_1 + L_2}$，$L$ 是 L_1 和 L_2 并联的等效电感。

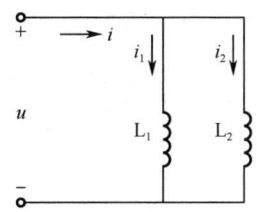

图 4-44 电感元件的并联电路

（3）单一元件电容并联。

如图4-45所示为电容元件的并联电路，电容并联时，每个电容两端的电压相等，每个电容所带的电荷量为 $q_1 = C_1 u$，$q_2 = C_2 u$，$q_3 = C_3 u$，并联电路的总电荷量为

$$q = q_1 + q_2 + q_3 = C_1 u + C_2 u + C_3 u = u(C_1 + C_2 + C_3)$$

整理可得

$$C = C_1 + C_2 + C_3 = \frac{q}{u} \tag{4-55}$$

由式4-55可得，并联电路的总电容等于各并联电容之和。

注意：电容并联电路中，由于每个电容并联支路端电压相等，各电容上的电压均滞后电流 $90°$，总电流与各电容上的电流同相，所以满足 $\dot{I} = \dot{I}_1 + \dot{I}_2 + \dot{I}_3$。

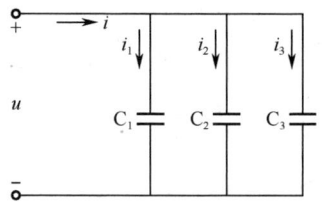

图4-45 电容元件的并联电路

（4）复导纳。

关联参考方向下，复导纳是端口电流相量与端口电压相量之比，用 Y 表示，简称导纳，单位是S（西门子），数值也等于复阻抗的倒数，即

$$Y = \frac{\dot{I}}{\dot{U}} \tag{4-56}$$

$$Y = \frac{1}{Z} = \frac{1}{R + jX} = \frac{R - jX}{R^2 + X^2} = \frac{R}{|Z|^2} - j\frac{X}{|Z|^2} = G + jB$$

注意：复导纳与阻抗类似，是一个复数，实部是电导 $G = \frac{R}{|Z|^2}$，虚部是电纳 $B = -\frac{X}{|Z|^2} = \frac{1}{\omega C} - \omega L$，$G$ 和 B 的单位均为S（西门子）。

展开式4-56得导纳的极坐标形式为

$$Y = \frac{\dot{I}}{\dot{U}} = \frac{I \angle \varphi_i}{U \angle \varphi_u} = \frac{I}{U} \angle (\varphi_i - \varphi_u) = |Y| \angle \varphi_Y \tag{4-57}$$

式中，$|Y|$ 为导纳模，数值等于电流与电压有效值的比，$|Y| = \frac{I}{U} = \sqrt{G^2 + B^2} = \sqrt{G^2 + (B_C - B_L)^2}$；$\angle \varphi_Y$ 为导纳角，数值等于电路中电流与电压的相位差，$\varphi_Y = \varphi_i - \varphi_u = \arctan \frac{B}{G} = \arctan \frac{B_C - B_L}{G}$。

电阻元件的导纳为 $Y_R = G$，电感元件的导纳为 $Y_L = \frac{1}{jX_L} = -jB_L$。$B_L$ 称为感纳，数值等于感抗的倒数，即 $B_L = \frac{1}{X_L}$。

电容元件的导纳为 $Y_C = -\dfrac{1}{jX_C} = jB_C$。$B_C$ 称为容纳，数值等于容抗的倒数，即 $B_C = \dfrac{1}{X_C}$。

综上可得，G、B 和 $|Y|$ 构成一个导纳三角形，如图 4-46 所示。

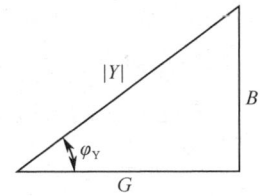

图 4-46　导纳三角形

（5）RLC 并联电路。

RLC 并联电路如图 4-47（a）所示，其相量模型如图 4-47（b）所示，等效导纳如图 4-47（c）所示，根据 KCL 得

$$I = \dot{I}_G + \dot{I}_L + \dot{I}_C = \dfrac{\dot{U}}{R} + \dfrac{\dot{U}}{j\omega L} + j\omega C \dot{U} = \dot{U}\left(\dfrac{1}{R} + \dfrac{1}{j\omega L} + j\omega C\right) \tag{4-58}$$

$$= \dot{U}[G + j(B_C - B_L)] = \dot{U}(G + jB)$$

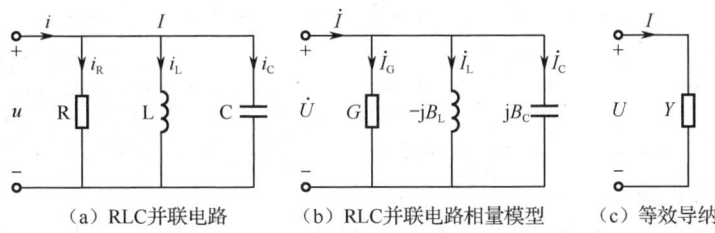

（a）RLC 并联电路　　（b）RLC 并联电路相量模型　　（c）等效导纳

图 4-47　RLC 并联电路

例 18：RLC 并联电路如图 4-48 所示，$R_1=R_2=6\Omega$，$X_L=X_C=8\Omega$，接在正弦电压 $u = 200\sqrt{2}\sin(314t-30°)\text{V}$ 上，请求解电路中的总导纳 Y 和电流相量 $\dot{I}$、$\dot{I}_1$ 和 $\dot{I}_2$。

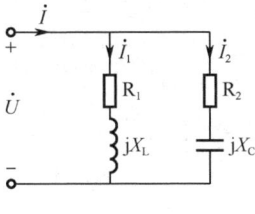

图 4-48　例 18 图

解：$u = 200\sqrt{2}\sin(314t-30°)\text{V} \rightarrow \dot{U} = 200\angle-30°\text{V}$

$$\begin{cases} Y_1 = \dfrac{1}{R_1+jX_L} = \dfrac{1}{6+j8} \approx 0.06 - j0.08 \approx 0.1\angle-53.1°\text{S} \\ Y_2 = \dfrac{1}{R_2-jX_C} = \dfrac{1}{6-j8} \approx 0.06 + j0.08 \approx 0.1\angle53.1°\text{S} \end{cases}$$

可得

$$Y = Y_1 + Y_2 = 0.06 - j0.08 + 0.06 + j0.08 = 0.12\text{S}$$

$$\begin{cases} \dot{I}_1 = \dot{U}Y_1 = 200\angle -30° \times 0.1\angle -53.1° = 20\angle -83.1°\text{A} \\ \dot{I}_2 = \dot{U}Y_2 = 200\angle -30° \times 0.1\angle 53.1° = 20\angle 23.1°\text{A} \\ \dot{I} = \dot{U}Y = 200\angle -30° \times 0.12 = 24\angle -30°\text{A} \end{cases}$$

设 $\dot{U} = U\angle 0°$，RLC 并联电路存在三种情况，即 $\dot{I}$ 与 $\dot{U}$ 同相，$\dot{I}$ 超前 $\dot{U}$，$\dot{I}$ 滞后 $\dot{U}$，RLC 并联电路的三种情况具体见表 4-3。

表 4-3　RLC 并联电路的三种情况

导纳角 φ_Y	B_L 和 B_C	电纳 B	I_C 和 I_L	电路性质	$\dot{U}$ 和 $\dot{I}$	相量图
$\varphi_Y > 0$	$B_C > B_L$	$B > 0$	$I_C > I_L$	电容性	$\dot{I}$ 超前 $\dot{U}$ φ_Y	
$\varphi_Y = 0$	$B_C = B_L$	$B = 0$	$I_C = I_L$	电阻性 并联谐振	$\dot{I}$ 与 $\dot{U}$ 同相	
$\varphi_Y < 0$	$B_C < B_L$	$B < 0$	$I_C < I_L$	电感性	$\dot{I}$ 滞后 $\dot{U}$ φ_Y	

3. 交流电路的谐振

谐振又称为共振，指的是振荡系统在周期性外力作用下，当外力作用频率与系统固有振荡频率相同或很接近时，振幅急剧增大的现象。产生谐振时的频率称为谐振频率。电工学中，RLC 电路在正弦电源作用下，当电压和电流同相时，电路呈电阻性，这种现象称为谐振。电感与电容串联电路发生谐振称为串联谐振或电压谐振；两者并联电路发生谐振称为并联谐振或电流谐振。日常生活中基于谐振的应用有收音机、电视机等。

（1）串联谐振。

如图 4-49 所示的电路中，当 $X_L = X_C$ 或者 $U_L = U_C$ 时，电路呈电阻性，即发生串联谐振。

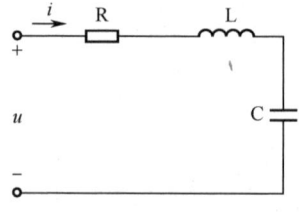

图 4-49　RLC 串联谐振电路

谐振时电路的角频率用 ω_0 表示，频率用 f_0 表示。由于谐振时 $X_L = X_C \rightarrow \omega_0 L = \dfrac{1}{\omega_0 C}$，可得

$$\omega_0 = \frac{1}{\sqrt{LC}}; \quad f_0 = \frac{1}{2\pi\sqrt{LC}} \qquad (4\text{-}59)$$

由式 4-59 可知，RLC 串联电路谐振时，f_0 和 ω_0 仅取决于电路本身的参数 L 和 C，当 L 和 C 一定时，f_0 和 ω_0 随之确定，所以 f_0 称为固有频率，ω_0 称为固有角频率。

注意：对于给定的 RLC 串联电路，当电源角频率等于电路的 ω_0 时，电路就发生谐振。

由式 4-59 可知，谐振的发生取决于电感 L、电容 C 和电源的频率 f，调谐指的就是通过改变这三者使电路发生谐振现象，有如下三种方法。

① 调频调谐：L、C 不变时，改变电源的频率 f，使得 $f = f_0$。

② 调感调谐：L、ω 不变时，改变电容 C 使得 $L = \dfrac{1}{\omega_0^2 C}$。

③ 调容调谐：C、ω 不变时，改变电感 L 使得 $C = \dfrac{1}{\omega_0^2 L}$。

综上可得串联谐振有如下四个特征。

① 电路阻抗最小，满足 $R = Z_0$（Z_0 为电路中 $X_L = X_C$ 时的最小阻抗）。

② 电路的感抗等于容抗，且等于电路的特性阻抗，即 $X_L = X_C = \dfrac{1}{\omega_0 C} = \omega_0 L = \dfrac{L}{\sqrt{LC}} = \sqrt{\dfrac{L}{C}} = \rho$，$\rho$ 的大小仅取决于 L 和 C，单位是 Ω。

③ 电路的电流最大，且与外加电源的电压同相。

④ 电感电压与电容电压大小相等，相位相反，大小是 Q 倍的电源电压，即

$$U_L = U_C = I\omega_0 L = \frac{U_S}{R}\omega_0 L = \frac{\omega_0 L}{R}U_S = QU_S$$

式中，U_S 为电源电压，Q 为谐振电路的品质因数（无单位），$Q = \dfrac{\omega_0 L}{R} = \dfrac{1}{\omega_0 CR} = \dfrac{\rho}{R}$。

⑤ 因 $\varphi_Z = 0$，所以电路的无功功率为零，即 $Q = U_S \sin\varphi_Z = 0$。

串联谐振电路常常用于选频，因为串联谐振电路可以通过调谐选出 ω_0 附近的信号，同时抑制远离 ω_0 的信号，具有选择所需频率信号的能力。

串联谐振电路的电流谐振曲线如图 4-50 所示，观察曲线可知当 $\omega = \omega_0$ 时，回路电流最大，当 ω 偏离 ω_0 时，电流减小；Q 值越大，谐振曲线越陡，回路的选择性越好，反之 Q 值越小，谐振曲线越平坦，回路的选择性越差。

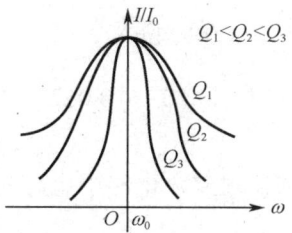

图 4-50 串联谐振电路的电流谐振曲线

注意：串联谐振电路的电流谐振曲线与并联谐振电路的电压谐振曲线形状相似。

引入通频带的概念来说明选频特性的好坏，通频带指的是在电路的电流谐振曲线上，I/I_0 大于等于 $1/\sqrt{2}$ 的频率范围，用 f_{BW} 表示。串联谐振电路的通频带如图 4-51 所示。

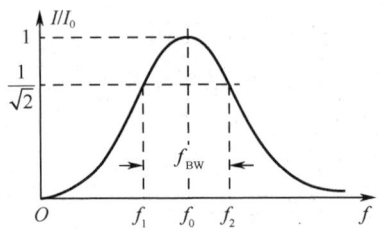

图 4-51　串联谐振电路的通频带

频率 $f_1 - f_2$ 为该电路的通频带，f_1 为通频带的上边界，f_2 为通频带的下边界，在通频带的边界频率上，$I/I_0 = 1/\sqrt{2}$，计算可得

$$f_{BW} = f_0/Q \qquad (4\text{-}60)$$

串联谐振电路的通频带 f_{BW} 与 Q 成反比，与图 4-51 一致，在实际应用中，应根据需要恰当选择 f_{BW} 和 Q。

例 19：RLC 串联谐振电路如图 4-52 所示，$R=8\Omega$，$L=50\mu H$、$C=200pF$，请求解电路的谐振频率 f_0、特性阻抗 ρ 和品质因数 Q；如果 $U_S=1mV$，请求解谐振时电路中的电流和电容两端的电压。

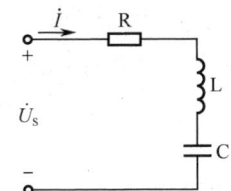

图 4-52　RLC 串联谐振电路

解：$f_0 = \dfrac{1}{2\pi\sqrt{LC}} = \dfrac{1}{2\pi\sqrt{50\times 10^{-6}\times 200\times 10^{-12}}} \approx 1.59\text{MHz}$

$\rho = \sqrt{\dfrac{L}{C}} = \sqrt{\dfrac{50\times 10^{-6}}{200\times 10^{-12}}} = 500\Omega$

$Q = \dfrac{\rho}{R} = \dfrac{500}{8} = 62.5$

谐振时的电流：$I_0 = \dfrac{U_S}{R} = \dfrac{1\times 10^{-3}}{8} = 0.125\text{mA}$

谐振时的电压：$U_{C0} = QU_S = 62.5 \times 1 \times 10^{-3} = 0.0625\text{V}$

（2）并联谐振。

如图 4-53 所示为 RLC 并联谐振电路，电路中电感与电容并联，为便于分析，同样定义其固有角频率、品质因数和特性阻抗为 $\omega_0 = \dfrac{1}{\sqrt{LC}}$，$Q = \dfrac{\rho}{R}$，$\rho = \sqrt{\dfrac{L}{C}}$，电感支路的复导纳为

$$Y_1 = \dfrac{1}{R+j\omega L} = \dfrac{R-j\omega L}{R^2+(\omega L)^2} = \dfrac{R}{R^2+(\omega L)^2} - \dfrac{j\omega L}{R^2+(\omega L)^2}$$

电容支路的复导纳为

$$Y_2 = \frac{1}{-\mathrm{j}X_C} = \mathrm{j}\omega C$$

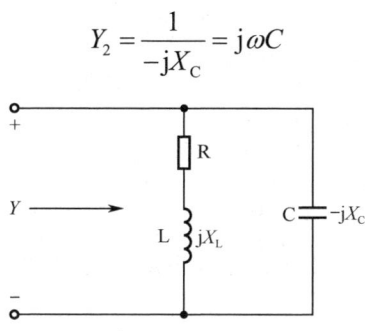

图 4-53　RLC 并联谐振电路

电路的总导纳为

$$Y = Y_1 + Y_2 = \frac{R}{R^2 + (\omega L)^2} + \mathrm{j}\left[\omega C - \frac{\omega L}{R^2 + (\omega L)^2}\right] = G + \mathrm{j}B \qquad (4\text{-}61)$$

并联谐振时，端口电压与电流同相，电路呈电阻性，电纳等于零，即复导纳的虚部为零，那么并联谐振的条件为

$$\omega C - \frac{\omega L}{R^2 + \omega^2 L^2} = 0 \rightarrow \omega C = \frac{\omega L}{R^2 + \omega^2 L^2} \rightarrow \omega L \approx \frac{1}{\omega C} \qquad (4\text{-}62)$$

注意：实际电路中，满足 $Q \gg 1$ 的条件为 $\omega L \gg R$。

当 $Q \gg 1$ 时，并联电路发生谐振时的固有频率和固有角频率为

$$f_0 = \frac{1}{2\pi\sqrt{LC}} ; \quad \omega_0 = \frac{1}{\sqrt{LC}} \qquad (4\text{-}63)$$

由式 4-63 可知，谐振的发生取决于电感 L、电容 C 和电源的频率 f，通过改变这三个参数可使并联电路发生谐振，并联谐振有如下四个特征。

① 导纳最小，阻抗最大，电路呈电阻性。与串联谐振不同的是，通常情况下 R 很小，Z 很大，理想状态下 $R \rightarrow 0$，$Z \rightarrow \infty$。

$$Y = \frac{R}{R^2 + (\omega L)^2} ; \quad Z = \frac{1}{Y} = \frac{R^2 + (\omega L)^2}{R} \approx \frac{(\omega L)^2}{R} = Q\omega_0 L = Q\rho = \frac{\rho^2}{R} \qquad (4\text{-}64)$$

② 总电流最小，且与端电压同相。

③ 电感支路的电流大小约等于电容支路的电流，相位相反，且两者均为输入电流的 Q 倍，所以并联谐振又称为电流谐振。

注意：并联谐振时，Q 值一般可达几十到几百，Q 值越大，两支路电流与总电流的比值越大。

如图 4-54 所示为 RLC 并联谐振电路相量图，由图可知

$$\begin{cases} \dot{I}_{L0} = \dot{U}_0 Y_1 = \dot{I}_S Z_0 \dfrac{1}{R + \mathrm{j}\omega_0 L} \approx -\mathrm{j}\dot{I}_S Q\rho \dfrac{1}{\rho} = -\mathrm{j}\dot{I}_S Q \\ \dot{I}_{C0} = \dot{U}_0 Y_2 = \dot{I}_S Z_0 \mathrm{j}\omega_0 C = \mathrm{j}\dot{I}_S Q\rho \dfrac{1}{\rho} = \mathrm{j}\dot{I}_S Q \end{cases} \rightarrow I_{L0} = I_{C0} = \dot{I}_S Q \qquad (4\text{-}65)$$

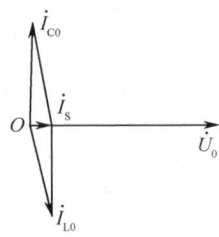

图 4-54 RLC 并联谐振电路相量图

④ 并联的电感和电容之间发生电磁能量转换，但电源与振荡电路之间并不发生能量转换，只是补充电路中电阻振荡的损耗。

例 20：RLC 并联谐振电路如图 4-55 所示，$R=8\Omega$，$L=0.01H$，$C=0.01\mu F$，请求解电路的品质因数 Q、谐振频率 f_0 和谐振阻抗 $|Z_0|$。

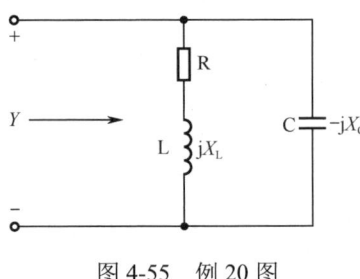

图 4-55 例 20 图

解：$\rho = \sqrt{\dfrac{L}{C}} = \sqrt{\dfrac{0.01}{0.01 \times 10^{-6}}} = 1000\Omega$

$Q = \dfrac{\rho}{R} = \dfrac{1000}{8} = 125 > 1$

$f_0 = \dfrac{1}{2\pi\sqrt{LC}} \approx \dfrac{1}{2 \times 3.14 \times \sqrt{0.01 \times 0.01 \times 10^{-6}}} \approx 15.9\text{kHz}$

$|Z_0| = Q^2 R = 125^2 \times 8 = 125\text{k}\Omega$

4.3.6 正弦交流电路的功率

1. 瞬时功率

电阻元件是纯耗能元件，$P = UI = I^2 R = U^2/R$；电感和电容是储能元件，不消耗功率，平均功率为零，用无功功率来描述与外电路进行能量交换的规模。

如图 4-56 所示是一个无源二端网络，同时含有电阻、电感和电容，所以该二端网络中既有能量损耗，又有能量交换，它吸收的瞬时功率等于输入端的瞬时电压乘以瞬时电流，即 $p = ui$。

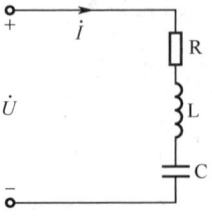

图 4-56 无源二端网络

假设通过负载的电流为 $i = \sqrt{2}I\sin\omega t$，则 $u = \sqrt{2}U\sin(\omega t + \varphi_Z)$。

当电压与电流为关联参考方向时，负载吸收的瞬时功率为

$$p = ui = \sqrt{2}U\sin(\omega t + \varphi_Z) \cdot \sqrt{2}I\sin\omega t = 2UI\sin(\omega t + \varphi_Z)\sin\omega t$$

$$= 2UI \cdot \frac{1}{2}[\cos(\omega t - \omega t + \varphi_Z) - \cos(\omega t + \omega t + \varphi_Z)] \tag{4-66}$$

$$= UI[\cos\varphi_Z - \cos(2\omega t + \varphi_Z)]$$

式4-66表明瞬时功率由恒定分量 $UI\cos\varphi_Z$ 和正弦分量 $UI\cos(2\omega t + \varphi_Z)$ 组成，正弦分量的频率是电源频率的两倍。

由图4-57可知，电路在消耗电能与储存电能之间循环，当 $\varphi \neq 0$ 时，每个周期内有两段时间电压和电流方向相反，此时瞬时功率 $p = -ui < 0$，说明电路中存在储能元件，这两个阶段不吸收功率，而是为电路提供功率。

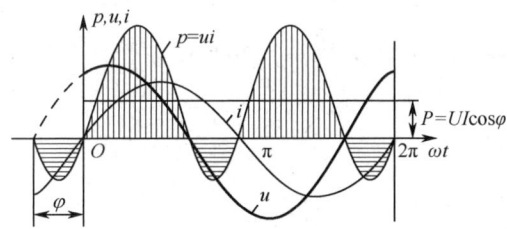

图4-57 正弦电流、电线电压与瞬时功率波形图

2. 平均功率（有功功率）

一个周期内瞬时功率的平均值称为平均功率或有功功率，用 P 表示，将瞬时功率的表达式代入有功功率计算公式可得

$$P = \frac{1}{T}\int_0^T UI[\cos\varphi_Z - \cos(2\omega t + \varphi_Z)]dt = UI\cos\varphi_Z \tag{4-67}$$

令 $\lambda = \cos\varphi_Z$，表示负载的功率因数，那么 $P = UI\cos\varphi_Z = UI\lambda$。

单一电阻元件的平均功率为 $P_R = U_R I_R \cos\varphi_Z = U_R I_R = I_R^2 R = U_R^2/R$；单一电感元件的平均功率为 $P_L = U_L I_L \cos\varphi_Z = 0$；单一电容元件的平均功率为 $P_C = U_C I_C \cos\varphi_Z = 0$。

注意：电阻元件的 $\varphi_Z = 0$，电感元件的 $\varphi_Z = \varphi_u - \varphi_i = 90°$，电容元件的 $\varphi_Z = \varphi_u - \varphi_i = -90°$。

3. 无功功率

有储能元件的阻抗网络与外电路有能量交换，用无功功率来衡量其与外电路交换能量的规模大小，即

$$Q = UI\sin\varphi_Z \tag{4-68}$$

以 RLC 串联电路为例，$Q = UI\sin\varphi_Z = (U_L - U_C)I = Q_L + Q_C$，电路的无功功率等于电感和电容的无功功率之和。此结论可推广至其他电路网络，含有储能元件的无源二端网络无功功率等于该网络内部电感和电容的无功功率之和。当阻抗角 $\varphi_Z > 0$ 时，电路呈电感性；当阻抗角 $\varphi_Z < 0$ 时，电路呈电容性。

注意：无功功率的正负只说明电路的性质，其绝对值体现电路对外电路交换能量的规模大小。

4. 视在功率

视在功率为电压有效值和电流有效值的乘积，用 S 表示，即 $S=UI$，单位是 $V \cdot A$，常用的单位还有 $kV \cdot A$。

有功功率与视在功率的关系为 $P=UI\cos\varphi_Z = S\cos\varphi_Z$。

无功功率与视在功率的关系为 $Q=UI\sin\varphi_Z = S\sin\varphi_Z$。

注意：发电机、变压器等电源设备的额定容量用视在功率表示，数值等于额定电压乘以额定电流。

5. 功率因数

功率因数是平均功率与视在功率的比值，用 λ 表示，即 $\lambda = \cos\varphi_Z = P/S$，$\varphi_Z$ 是功率因数角，当电路呈电阻性时，$\lambda=1$，$P=S$；当电路呈电感性和电容性时，$\lambda<1$，$P<S$。

交流电力系统中的负载多为电感性负载，功率因数大于 1，如日常用的照明灯功率因数为 0.3～0.5。

在 RLC 串联电路中，阻抗三角形、电压三角形的阻抗角相等，所以

$$\lambda = \cos\varphi_Z = \frac{P}{S} = \frac{U_R}{U} = \frac{R}{|Z|} \tag{4-69}$$

常见电路的功率因数为：

纯电阻电路：$\cos\varphi_Z = 1$

纯电感电路：$\cos\varphi_Z = 0$

纯电容电路：$\cos\varphi_Z = 0$

RLC 串联电路：$0 < \cos\varphi_Z < 1$

注意：$\varphi_Z = \arctan\dfrac{X_L - X_C}{R}$，功率因数的大小取决于电路网络总电压与总电流的相位差，功率因数由负载性质决定，与电路中的负载参数和频率相关，与电路的电压和电流无关。

6. 复功率

复数功率可用来表示平均功率、无功功率、功率因数和视在功率之间的关系，简称复功率，用 $\tilde{S}$ 表示，$\tilde{S} = P + jQ = S\angle\varphi_Z$。

若用 $\overset{*}{I}$ 表示电路网络中电流相量 $\dot{I}$ 的共轭复数，即 $\overset{*}{I} = I\angle -\varphi_i$，那么复数 $\overset{*}{I}$ 与电压相量 $\dot{U}$ 的乘积为

$$\tilde{S} = \dot{U}\overset{*}{I} = U\angle\varphi_u \cdot I\angle -\varphi_i = UI\angle(\varphi_u - \varphi_i) = S\cos\varphi_Z + jS\sin\varphi_Z = P + jQ \tag{4-70}$$

由式 4-70 可知，$\tilde{S}$ 是一个复数而非相量，其模为电路网络的视在功率，辐角为电路网络的功率因数角，实部为有功功率，虚部为无功功率。

7. 提高功率因数

提高功率因数可以提高供电设备的利用率。$P = U_N I_N \cos\varphi_Z = S_N\cos\varphi_Z$，$S_N$ 是电源的容量。以发电机为例，功率因数越小（小于 1 时），在不允许超过额定值的情况下，发电机发出的有功功率就越小，无功功率越大，与外电路进行能量交换的规模就越大，能被有效利用的能量就越少，因为有一部分能量用于发电机与负载之间的能量交换。

提高功率因数还可以降低电路损耗和电路压降。同样以发电机为例，当发电机的电压 U 和输出功率 P 固定时，电流 I 和功率因数成反比，输电线路和发电机绕组上的功率损耗 ΔP 和

$\cos\varphi_Z^2$ 成反比,即 $\Delta P = rI^2 = \left(r\dfrac{P^2}{U^2}\right)\dfrac{1}{\cos\varphi_Z^2}$ (r 为发电机绕组和线路电阻),功率因数越小,输电线路的电流就越大,输电线路的损耗和压降也越大。提高功率因数,可以减小输电线路的电流,降低输电线路的损耗和压降,起到提高供电质量或者在同等损耗下节约输电线路材料的作用。

提高功率因数的方法有很多,如可以通过改进电动机的运行条件、合理选择电动机的容量和采用同步电动机等措施来提高自然功率因数,也可以采用人工补偿(也称为无功补偿),就是我们常用的并联补偿法。具体做法是在电感性负载的两端人为并联合适容量的电容性负载,使得电路中电感元件的磁场能量和电容元件的电场能量可以进行交换,从而减少电源和负载之间的能量交换。

如图 4-58 所示,并联电容之前,电流滞后于电压,相位差为 φ_1;并联电容后电流相位不变,但电压与线路电流之间的相位差变为 φ,显然 $\cos\varphi > \cos\varphi_1$,而且有

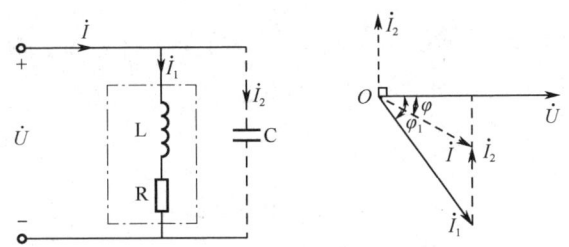

图 4-58 并联补偿法提高功率因数

$$I_1 = \dfrac{P}{U\cos\varphi_1}\ ;\quad I_2 = I_1\sin\varphi_1 - I\sin\varphi$$

又因为 $I_2 = \omega CU$,$\omega CU = \dfrac{P}{U}(\tan\varphi_1 - \tan\varphi)$,可得用并联补偿法需并联的电容为

$$C = \dfrac{P}{\omega U^2}(\tan\varphi_1 - \tan\varphi) \tag{4-71}$$

注意:并联电容后有功功率并未改变,因为电容不消耗电能,电路电流减小,所以减少了功率损耗。

提高功率因数指的是提高电源或电网的功率因数而不是整个电感性负载的功率因数,并联电容并不影响负载的复阻抗,也不会改变负载的功率因数。

例 21:RLC 并联谐振电路中,$R=8\Omega$,$X_L=22\Omega$,$X_C=16\Omega$,$U=220\text{V}$,请求解电路复阻抗 Z、电流 I、功率因数 λ、有功功率 P、无功功率 Q 和视在功率 S。

解:$Z = R + jX = R + j(X_L - X_C) = 8 + j(22-16) = 8 + j6 \approx 10\angle 36.9°\ \Omega$

$I = \dfrac{U}{|Z|} = \dfrac{220}{10} = 22\text{A}$

$\lambda = \cos\varphi_Z = \dfrac{R}{|Z|} = \dfrac{8}{|10|} = 0.8 \to \varphi_Z = \arccos 0.8 \approx 36.9°$

$P = UI\cos\varphi_Z = 220 \times 22 \times 0.8 = 3872\text{W}$

$Q = UI\sin\varphi_Z = 220 \times 22 \times 0.6 = 2904\text{W}$

$S = UI = 220 \times 22 = 4840\text{V}\cdot\text{A}$

例22：如图4-59所示，$U=380\text{V}$，$f=50\text{Hz}$，负载吸收功率$P=30\text{kW}$，功率因数$\cos\varphi_1=0.6$，要使功率因数提高到0.9，请问并联的电容多大？

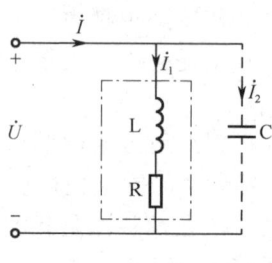

图4-59 例22图

解：$\cos\varphi_1=0.6 \rightarrow \varphi_1=\arccos 0.6 \approx 53.1°$

并联电容前 $I_1=\dfrac{P}{U\cos\varphi_1}=\dfrac{30\times 1000}{380\times 0.6}\approx 131.58\text{A}$

令电压为参考相量，即$\dot{U}=380\angle 0°\text{V}$，则$\dot{I}_1=131.58\angle 53.1°\text{A}$。画出并联电容前后电压与电流的相量图，如图4-60所示，有$I_1\cos\varphi_1=I\cos\varphi$。

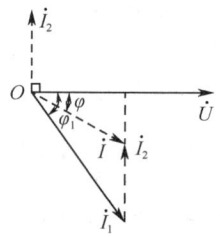

图4-60 例22解答图

$$I_1\cos\varphi_1=I\cos\varphi \rightarrow I=\dfrac{I_1\cos\varphi_1}{\cos\varphi}=\dfrac{131.58\times 0.6}{0.9}=87.72\text{A}$$

当$\cos\varphi=0.9$时，$\varphi\approx 25.84°$。

那么$I_2=I_1\sin\varphi_1-I\sin\varphi=131.58\sin 53.1°-87.72\sin 25.84°\approx 66.99\text{A}$

$$C=\dfrac{I_2}{\omega U}=\dfrac{66.99}{314\times 380}\approx 561.43\text{μF}$$

4.3.7 耦合电感电路

1. 基础理论知识

耦合电感元件属于多端元件，应用非常广泛。如电视、收音机等常用电力设备中的中周线圈和振荡线圈，整流电源中的变压器等都是耦合电感元件。

（1）自感现象。

在线圈中通过电流时会产生磁通使线圈具有磁性，直流电产生的磁通是不变磁通，交流电产生的磁通是变化磁通，变化的磁通会导致磁链的变化。变化磁通在线圈两端引起了自感电感，这就是自感现象。

思考题

（2）互感现象与互感系数。

电子学中，一个线圈的电流变化，将在相邻的线圈中产生感应电动势，两者在电的方面彼此独立，依靠磁场相互联系产生影响的物理现象称为磁耦合。

图 4-61 中，线圈 1、2 相互耦合，线圈 1 的匝数为 N_1，线圈 2 的匝数为 N_2，载流圈中的电流 i_1 和 i_2 称为施感电流。

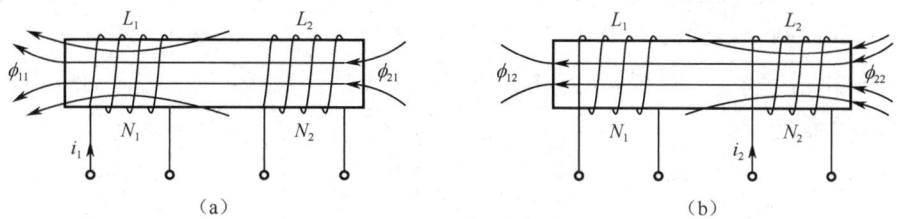

图 4-61 两个耦合的电感线圈

图 4-61（a）中，i_1 通过线圈 1 时，线圈 1 产生自感磁通 ϕ_{11}，方向如图所示，ϕ_{11} 在穿越自身的线圈时，产生自感磁通链 ψ_{11}，$\psi_{11}=N_1\phi_{11}$。ϕ_{11} 的部分或全部与线圈 2 交链时，线圈 1 对线圈 2 的互感磁通为 ϕ_{21}，ϕ_{21} 在线圈 2 中产生的磁通链为 ψ_{21}，ψ_{21} 称为互感磁通链，$\psi_{21}=N_2\phi_{21}$，同理依据图 4-61（b）可推导得 ϕ_{22}、ψ_{22}、ϕ_{12} 和 ψ_{12}。

每个耦合线圈中的磁通链等于自感磁通链和互感磁通链两部分的代数和，设线圈 1 和线圈 2 的磁通链分别为 ψ_1 和 ψ_2，则有

$$\psi_1 = \psi_{11} \pm \psi_{12}; \quad \psi_2 = \psi_{22} \pm \psi_{21}$$

当周围空间为线性磁介质时，自感磁通链为

$\psi_{11}=L_1i_1$；$\psi_{22}=L_2i_2$（L_1 和 L_2 为自感系数，简称自感或电感，单位为 H）

互感磁通链为

$\psi_{12}=M_{12}i_2$；$\psi_{21}=M_{21}i_1$（M_{12} 和 M_{21} 为互感系数，简称互感，单位为 H）

只有两个线圈耦合时互感用 M 表示，因为 $M_{12}=M_{21}$，可直接省略下标，所以两个耦合线圈的磁通链又可以表示为

$$\psi_1 = L_1i_1 \pm Mi_2; \quad \psi_2 = L_2i_2 \pm Mi_1$$

自感磁通链总为正值，互感磁通链可为正值也可为负值。当自感磁通链的参考方向和互感磁通链的参考方向不一致时，彼此削弱，互感磁通链取负值，反之则取正值。

注意：与电感一样，互感的大小与电流无关，与两个线圈的几何尺寸、匝数和相对位置有关。

注意：互感磁通链的方向由三个因素决定，分别是线圈绕向、电流方向和相对位置。

（3）耦合系数。

两个耦合线圈的电流所产生的磁通在一般情况下只有部分会相互交链，相交链的磁通越多，两个线圈耦合就越紧密，工程上用耦合系数定量描述两个耦合线圈的紧密度，因为两个耦合线圈的电流所产生的磁通只有部分会相互交链，所以 K 总是小于 1 的。

耦合系数 K 为

$$K=\sqrt{\frac{\psi_{12}\psi_{21}}{\psi_{11}\psi_{22}}}=\sqrt{\frac{\phi_{12}\phi_{21}}{\phi_{11}\phi_{22}}}$$

将 $\psi_{11}=L_1i_1$，$\psi_{22}=L_2i_2$，$\psi_{12}=Mi_2$，$\psi_{21}=Mi_1$ 代入上式可得

$$K=\sqrt{\frac{\psi_{12}\psi_{21}}{\psi_{11}\psi_{22}}}=\sqrt{\frac{Mi_2Mi_1}{L_1i_1L_2i_2}}=\frac{M}{\sqrt{L_1L_2}} \qquad (4\text{-}72)$$

因为 $\psi_{21} \leqslant \psi_{11}$，$\psi_{12} \leqslant \psi_{22}$，所以 $0 \leqslant K \leqslant 1$，$0 \leqslant M \leqslant \sqrt{L_1L_2}$。

两个线圈的耦合程度或耦合系数 K 与两个线圈的相对位置、线圈结构和磁介质息息相关。紧密缠绕在一起的两个线圈的 K 接近 1，如图 4-62（a）所示，$K \to 1$，$M \to \sqrt{L_1L_2}$，称为全耦合。两个线圈相距较远，如图 4-62（b）所示；或者线圈轴线相互垂直，如图 4-62（c）所示，K 很小或接近 0。

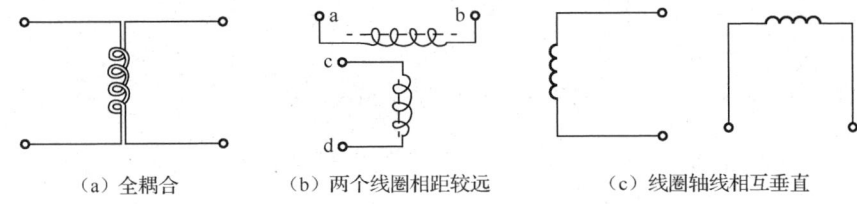

（a）全耦合　　　　（b）两个线圈相距较远　　　　（c）线圈轴线相互垂直

图 4-62　不同绕线方式的互感线圈

注意：改变两个线圈的相互位置可以改变耦合系数 K，当 L_1、L_2 一定时，可相应地改变互感的大小。

（4）互感电压。

互感磁通的参考方向和互感电压的参考方向符合右手螺旋法则，根据电磁感应定律结合互感系数可得互感电压为

$$u_{21}=\frac{\mathrm{d}\psi_{21}}{\mathrm{d}t}=M\frac{\mathrm{d}i_1}{\mathrm{d}t}; \quad u_{12}=\frac{\mathrm{d}\psi_{12}}{\mathrm{d}t}=M\frac{\mathrm{d}i_2}{\mathrm{d}t}$$

当线圈中的电流为正弦交流电时，设 $i_1=I_{1m}\sin\omega t$，$i_2=I_{2m}\sin\omega t$，代入上式可得

$$\begin{cases} u_{21}=M\dfrac{\mathrm{d}i_1}{\mathrm{d}t}=\omega MI_{1m}\cos\omega t=\omega MI_{1m}\sin(\omega t+90°) \\ u_{12}=M\dfrac{\mathrm{d}i_2}{\mathrm{d}t}=\omega MI_{2m}\sin(\omega t+90°) \end{cases} \Rightarrow \begin{cases} \dot{U}_{21}=\mathrm{j}\omega M\dot{I}_1=\mathrm{j}X_M\dot{I}_1 \\ \dot{U}_{12}=\mathrm{j}\omega M\dot{I}_2=\mathrm{j}X_M\dot{I}_2 \end{cases} \qquad (4\text{-}73)$$

式中，X_M 是互感抗，单位为 Ω。

注意：互感电压的正负与线圈的绕向、相对位置和电流的参考方向相关。

（5）耦合电感上的伏安关系。

当电流为交变电流时，磁通也会随着时间的变化而变化，从而在线圈两端产生感应电压，根据电磁感应定律和楞次定律可得每个线圈两端的电压均包含自感电压和互感电压，为

$$\begin{cases} u_1=\dfrac{\mathrm{d}\psi_1}{\mathrm{d}t}=\dfrac{\mathrm{d}\psi_{11}}{\mathrm{d}t}\pm\dfrac{\mathrm{d}\psi_{12}}{\mathrm{d}t}=L_1\dfrac{\mathrm{d}i_1}{\mathrm{d}t}\pm M\dfrac{\mathrm{d}i_2}{\mathrm{d}t} \\ u_2=\dfrac{\mathrm{d}\psi_2}{\mathrm{d}t}=\dfrac{\mathrm{d}\psi_{22}}{\mathrm{d}t}\pm\dfrac{\mathrm{d}\psi_{21}}{\mathrm{d}t}=L_2\dfrac{\mathrm{d}i_2}{\mathrm{d}t}\pm M\dfrac{\mathrm{d}i_1}{\mathrm{d}t} \end{cases} \Rightarrow \begin{cases} \dot{U}_1=\mathrm{j}\omega L_1\dot{I}_1\pm\mathrm{j}\omega M\dot{I}_2 \\ \dot{U}_2=\mathrm{j}\omega L_2\dot{I}_2\pm\mathrm{j}\omega M\dot{I}_1 \end{cases} \qquad (4\text{-}74)$$

注意：当两个线圈的自感磁通链和互感磁通链方向一致时，称为互感的"增助"，互感电压取正值，否则取负值。

2. 同名端

要确定互感电压的符号就要知道两个线圈的绕向，为方便分析引入同名端的概念。

（1）互感线圈同名端的标记。

两电流分别从两个线圈的对应端子同时流入（流出）时，如果两个线圈的互感电流 i_1 和 i_2 所产生的磁通相互增强，两电流同时流入（流出）的端钮称为两互感线圈的同名端，如果磁通相互削弱，则称为异名端。同名端用"●""*"或"△"标记，异名端不需要标记，如图 4-63（a）所示。

同名端总是成对出现的，若是有两个以上的线圈彼此间存在耦合，同名端需一对一地标记，每一对都采用不同的符号，如图 4-63（b）所示。

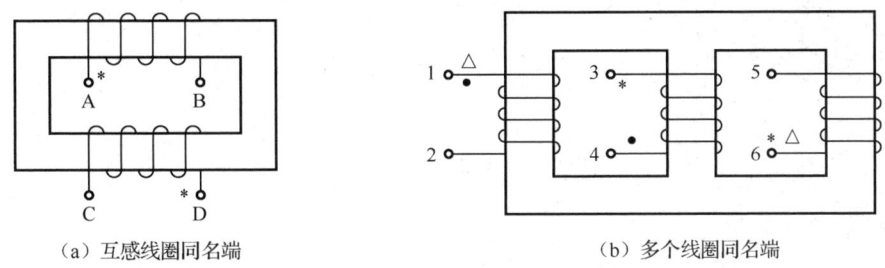

(a) 互感线圈同名端　　　　　　　　(b) 多个线圈同名端

图 4-63　不同绕线方式的互感线圈

（2）互感线圈同名端的判定。

对同名端的判定有观察法和实验法。观察法为根据磁耦合线圈的绕向和相对位置，运用楞次定律来判定。取绕组上端为首端，下端为末端，如图 4-64（a）所示，绕向相同时，首端和首端为同名端；如图 4-64（b）所示，绕向相反时，首端和尾端为同名端。

因在实际生产中，磁耦合线圈的绕向一般难以确定，所以通常采用实验法来判定互感线圈的同名端，实验法有直流法和交流法。

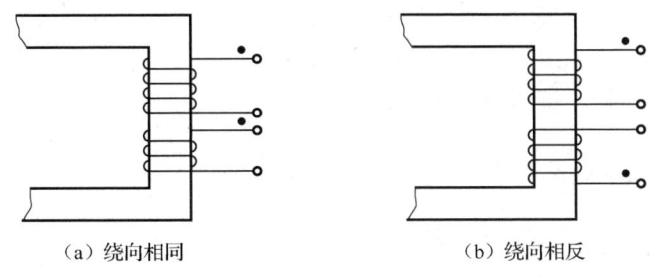

(a) 绕向相同　　　　　　　　(b) 绕向相反

图 4-64　观察法判定同名端

① 直流法：根据图 4-65（a）连接电路，A、B 为待测绕组，开关 S 闭合的瞬间绕组 A 产生感应电动势并使绕组 B 也产生感应电动势，根据电流表指针方向及同名端的定义判断同名端。

注意：开关闭合瞬间若电流表正偏，则 1、3 为同名端，反之则 2、4 为同名端。

也可以使用电压表测量同名端，根据图 4-65（b）连接电路，开关 S 闭合的瞬间，线圈 1 的电流 i 经图示方向流入且增加，可根据电压表指针方向结合同名端的定义判断。

注意：开关闭合瞬间若电压表正偏，则电压表"+"接线柱所接线圈端钮和另一线圈接电源正极的端钮为同名端，反之则电压表"-"接线柱所接线圈端钮和另一线圈接电源正极的端钮为同名端。

② 交流法：根据图 4-65（c）连接电路，A、B 为待测绕组，交流电源产生交流信号，根据楞次定律判断绕组中产生的感应电动势方向，若瞬时方向相同，则叠加为求和，$U_{13} = U_{12} + U_{34}$，1、4 为同名端；若瞬时方向相反，则叠加为求差，$U_{13} = U_{12} - U_{34}$，1、3 为同名端。

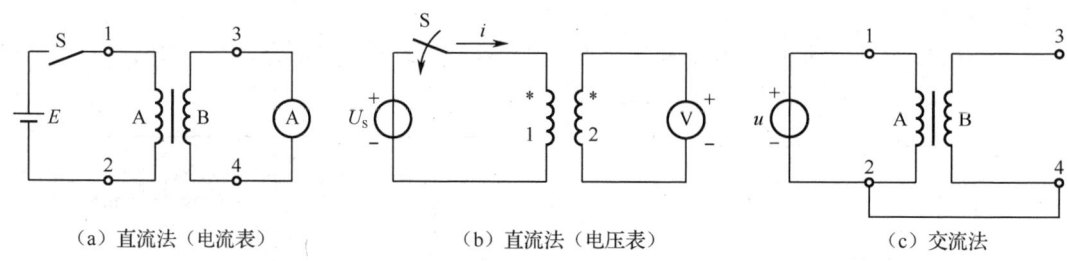

（a）直流法（电流表）　　（b）直流法（电压表）　　（c）交流法

图 4-65　实验法判定同名端

3. 互感电路的分析

两个具有互感的线圈有串联和并联两种接法，其中串联分为顺向串联（下标用 S 表示）和反向串联（下标用 R 表示），并联分为同侧并联和异侧并联。

（1）互感线圈的顺向串联。

顺向串联是将 2 个互感线圈的异名端相连，如图 4-66（a）所示，电流从两个电感的同名端流入（流出）。按照同名端一致的原则，选择电流和电压的参考方向如图 4-66（b）所示，根据 KCL 得

$$\begin{cases} \dot{U}_1 = \dot{U}_{11} + \dot{U}_{12} = j\omega L_1 \dot{I} + j\omega M \dot{I} \\ \dot{U}_2 = \dot{U}_{22} + \dot{U}_{21} = j\omega L_2 \dot{I} + j\omega M \dot{I} \end{cases} \Rightarrow \dot{U} = \dot{U}_1 + \dot{U}_2 = j\omega(L_1 + L_2 + 2M)\dot{I} = j\omega L_S \dot{I} \quad (4-75)$$

式中，L_S 为互感线圈顺向串联的等效电感，$L_S = L_1 + L_2 + 2M$。

两个线圈顺向串联时的等效电感大于两个线圈的自感之和，说明顺向串联时电流从同名端流入，两磁通相互增强，总磁通链增加，等效电感增加。

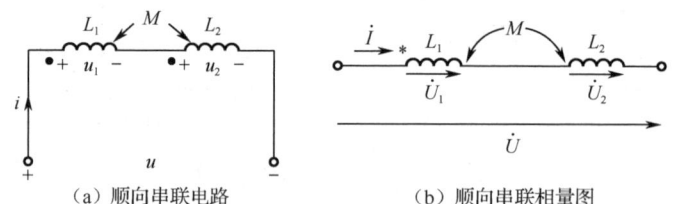

（a）顺向串联电路　　　　（b）顺向串联相量图

图 4-66　顺向串联

（2）互感线圈的反向串联。

反向串联是将 2 个互感线圈的同名端相连，如图 4-67（a）所示，电流从一个电感的同名端流入（流出），从另一个电感的同名端流出（流入）。按照同名端一致的原则，选择电流和电压的参考方向，如图 4-67（b）所示，根据 KCL 得

$$\begin{cases} \dot{U}_1 = \dot{U}_{11} - \dot{U}_{12} = j\omega L_1 \dot{I} - j\omega M \dot{I} \\ \dot{U}_2 = \dot{U}_{22} - \dot{U}_{21} = j\omega L_2 \dot{I} - j\omega M \dot{I} \end{cases} \Rightarrow \dot{U} = \dot{U}_1 + \dot{U}_2 = j\omega(L_1 + L_2 - 2M)\dot{I} = j\omega L_R \dot{I} \qquad (4-76)$$

式中，L_R 为互感线圈反向串联的等效电感，$L_R = L_1 + L_2 - 2M$。

两个线圈反向串联时的等效电感小于两个线圈的自感之和，说明反向串联时两磁通相互削弱，总磁通链减小，等效电感减小。

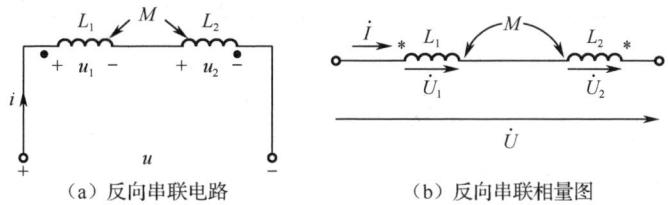

图 4-67　反向串联

结合 L_S 和 L_R 可得，两个耦合线圈的互感 $M = (L_S - L_R)/4$，可以看出 $L_S > L_R$，即当外加相同正弦电压时，顺向串联时的电流小于反向串联时的电流。

例 23：两个线圈串联在 50Hz、80V 的正弦电源上，顺向串联时电流为 $I_S = 2A$，$P = 96W$，反向串联时电流为 $I_R = 2.5A$，请求解互感 M 是多少？

解：顺向串联时电路阻抗可用等效电阻和等效电感串联的模型来表示，其中等效电阻为 R，等效电感 $L_S = L_1 + L_2 + 2M$。

$$R = \frac{P}{I_S^2} = \frac{96}{2^2} = 24\Omega$$

$$\omega L_S = \sqrt{\left(\frac{U}{I_S}\right)^2 - R^2} = \sqrt{\left(\frac{80}{2}\right)^2 - 24^2} = 32\Omega \rightarrow L_S = \frac{32}{2\pi \times 50} \approx 0.1019\text{H}$$

反向串联时，线圈等效电阻不变，由已知条件可得

$$\omega L_R = \sqrt{\left(\frac{U}{I_R}\right)^2 - R^2} = \sqrt{\left(\frac{80}{2.5}\right)^2 - 24^2} \approx 21.16\Omega \rightarrow L_R = \frac{21.16}{2\pi \times 50} \approx 0.067\text{H}$$

$$M = \frac{L_S - L_R}{4} = \frac{0.1019 - 0.067}{4} = 8.725\text{mH}$$

（3）互感线圈的并联。

图 4-68（a）所示为同侧并联电路，即两个线圈的同名端相连。

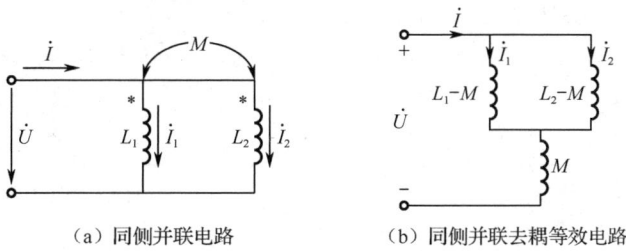

图 4-68　同侧并联

在正弦交流情况下，当两个线圈同侧并联时，根据图4-68（a）所示参考方向，忽略线圈的电阻，根据KCL可得 $\dot{I} = \dot{I}_1 + \dot{I}_2$，根据KVL可得

$$\begin{cases} \dot{U} = j\omega L_1 \dot{I}_1 + j\omega M \dot{I}_2 \\ \dot{U} = j\omega L_2 \dot{I}_2 + j\omega M \dot{I}_1 \end{cases} \xrightarrow{\substack{\dot{I}_1 = \dot{I} - \dot{I}_2 \\ \dot{I}_2 = \dot{I} - \dot{I}_1}} \begin{cases} \dot{U} = j\omega L_1 \dot{I}_1 + j\omega M (\dot{I} - \dot{I}_1) = j\omega (L_1 - M)\dot{I}_1 + j\omega M \dot{I} \\ \dot{U} = j\omega L_2 \dot{I}_2 + j\omega M (\dot{I} - \dot{I}_2) = j\omega (L_2 - M)\dot{I}_2 + j\omega M \dot{I} \end{cases} \quad (4\text{-}77)$$

基于式4-77中电压、电流的等效概念，可用互感消去法来处理互感电路，即用图4-68（b）所示无互感的电路来等效替代4-68（a）中有互感的电路。依据图4-68（b）可得，两个互感线圈同侧并联时的等效电感为

$$L = \frac{L_1 L_2 - M^2}{L_1 + L_2 - 2M} \quad (4\text{-}78)$$

两个互感线圈同侧并联时的等效阻抗为

$$Z = \frac{j\omega(L_1 L_2 - M^2)}{L_1 + L_2 - 2M} = j\omega L \quad (4\text{-}79)$$

同理可根据图4-69求得两个互感线圈异侧并联时的等效电感 $L = \dfrac{L_1 L_2 - M^2}{L_1 + L_2 + 2M}$，两个互感线圈异侧并联时的等效阻抗 $Z = \dfrac{j\omega(L_1 L_2 - M^2)}{L_1 + L_2 + 2M} = j\omega L$。

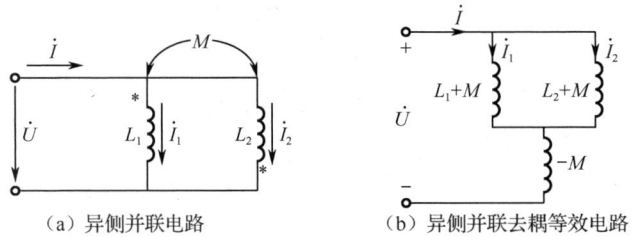

（a）异侧并联电路　　　　　　　（b）异侧并联去耦等效电路

图4-69　异侧并联

互感消去法可推广应用至两个互感线圈只有一端相连的电路。如图4-70（a）所示互感的两个线圈仅有同名端相连，在图示参考方向下，可得

$$\begin{cases} \dot{U}_{13} = j\omega L_1 \dot{I}_1 + j\omega M \dot{I}_2 \\ \dot{U}_{23} = j\omega L_2 \dot{I}_2 + j\omega M \dot{I}_1 \end{cases} \xrightarrow{\dot{I} = \dot{I}_1 + \dot{I}_2} \begin{cases} \dot{U}_{13} = j\omega(L_1 - M)\dot{I}_1 + j\omega M \dot{I} \\ \dot{U}_{23} = j\omega(L_2 - M)\dot{I}_2 + j\omega M \dot{I} \end{cases} \quad (4\text{-}80)$$

基于式4-80电压、电流的等效概念，同样可用互感消去法来处理互感电路，即用图4-70（b）所示无互感的电路来等效替代4-70（a）中有互感的电路。

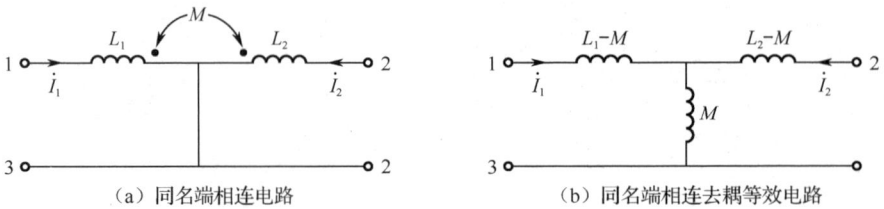

（a）同名端相连电路　　　　　　　（b）同名端相连去耦等效电路

图4-70　同名端一端相连

同理可得，异名端相连时的电路 4-71（a）也可用 4-71（b）所示的无互感的电路等效替代。

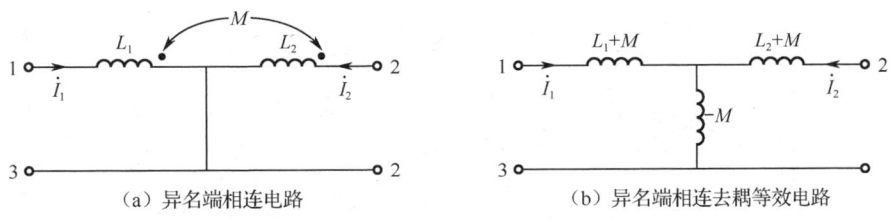

图 4-71　异名端一端相连

例 24：图 4-72 所示的互感正弦电路中，$U_{ab}=10\text{V}$，$R_1 = R_2 = 6\Omega$，$\omega L_1 = \omega L_2 = 8\Omega$，$\omega M = 2\Omega$，请求解 U_{cd}。

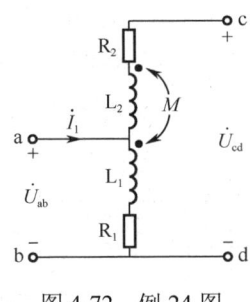

图 4-72　例 24 图

解：cd 端开路时，线圈 L_2 中没有电流，所以线圈 L_1 中也没有互感电压，以 ab 端电压为参考得

$$\dot{U}_{ab} = 10\text{V} \rightarrow \dot{I}_1 = \frac{\dot{U}_{ab}}{R_1 + j\omega L_1} = \frac{10\angle 0°}{6 + j8} \approx 1\angle -53.1° \text{V}$$

$$\dot{U}_{cd} = j\omega M \dot{I}_1 + \dot{U}_{ab} = j2\angle -53.1° + 10 = 2\angle 36.9° + 10 = 2\cos 36.9° + j2\sin 36.9° + 10$$

$$\approx 11.6 + j1.2 = \sqrt{11.6^2 - 1.2^2} \arctan\frac{1.2}{11.6} \approx 11.54\angle 5.91° \text{V}$$

4.4 虚拟仿真

4.4.1 三表法测量电路等效参数

1. 目标

（1）熟悉交流电流表、电压表和功率表的使用方法。
（2）掌握正弦交流电路中单一元件的伏安特性。
（3）掌握多元件串并联正弦交流电路的分析方法。
（4）巩固相量分析法。

2. 仿真步骤

三表法测量电路等效参数仿真电路图如图 4-73 所示。

仿真

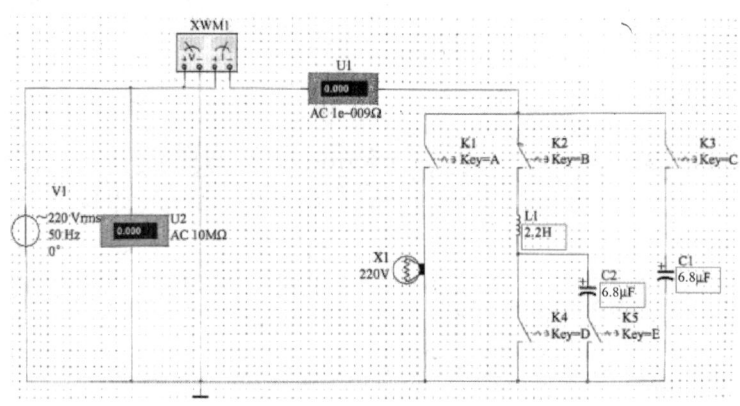

图 4-73 三表法测量电路等效参数仿真电路图

计算电路中阻抗和功率因数,然后分别测量 20W 灯泡、2.2H 电感和 6.8μF 电容的等效参数,继续测量电感和电容串联与并联后的等效参数,以上数据均填入表 4-4 中。

表 4-4 测量内容数据

被测阻抗	测量值				计算值		电路等效参数		
	U/V	I/A	P/W	$\cos\varphi$	$|Z|$/Ω	$\cos\varphi$	R/Ω	L/mH	C/μF
20W 灯泡(R)									
电感(L)									
电容(C)									
LC 串联									
LC 并联									
LC 串联再并联一个电容(1μF)									
LC 并联再并联一个电容(1μF)									

4.4.2 照明电路仿真

1. 目标

(1)掌握正弦电路中电压与电流相量之间的关系。
(2)掌握功率因数的定义与提高功率因数的方法。
(3)巩固功率表的使用方法。
(4)巩固交流电压源的使用方法。

2. 仿真步骤

照明电路仿真电路图如图 4-74 所示。

仿真

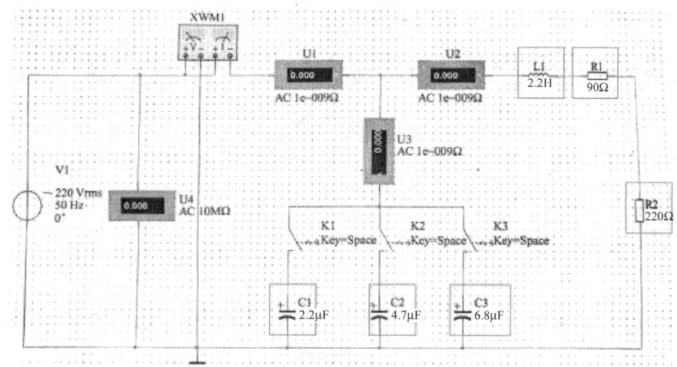

图 4-74　照明电路仿真电路图

注意：用 220Ω 的电阻仿真照明电路的灯泡，用 2.2H 电感串联 100Ω 电阻仿真照明电路的镇流器线圈。

（1）通过"选取元器件"—"Sources"—"POWER_SOURCES"—"AC-POWER"放置交流电压源，参数频率设置为 50Hz，有效值设置为 220V。

（2）通过"选取元器件"—"Basic"—"CAP_SELECTROLIT"放置极性电容并设置电容参数。

注意：电容的极性不能接反。

（3）功率表可通过单击仪器仪表工具栏中的功率表图标进行放置，也可双击功率表图标弹出功率表面板进行设置。

注意：功率表的电压输入端子应与被测电路并联，电流输入端子与被测电路串联。

（4）按照图 4-74 接好照明电路仿真电路，改变电容的参数值进行测量，将测量结果填入表 4-5 中。

表 4-5　测量电路的功率因数

$C/\mu F$	测量数据								计算值	
	U/V	I/A	I_L/A	I_C/A	U_R	U_L	P/W	$\cos\varphi$	I/A	$\cos\varphi$
0										
0.5										
1										
2.2										
4.7										
6.8										

（5）根据测量数据和计算值分析照明电路并联的电容大小对电感性元件上的电流和功率有什么影响？对电路的功率因数有什么影响？

4.5 项目实践——家庭照明电路的安装与调试

1. 目标
（1）熟悉斜口钳、锯条等电工工具的使用方法。
（2）掌握照明电路的安装和布线。

2. 设备
（1）实训器材：ϕ20mmPVC 管、3 个 ϕ20mm 杯盏、4020 线槽、2 个 86 型暗盒、1 个配电箱、1 个漏电保护器、2 个低压断路器、照明灯、1 个辉光启动器、1 个镇流器、1 个触摸开关、1 个电源插座。
（2）电工工具：1 个斜口钳、1 个螺钉旋具、1 个角度尺、1 个钢直尺、3 个锯条、1 个手动弯管器。

3. 实践步骤
有源二端网络电路图如图 4-75 所示。

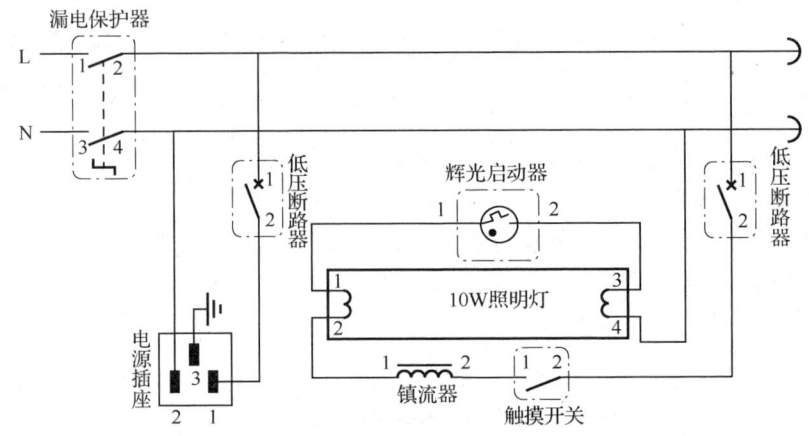

图 4-75 有源二端网络电路图

① 查阅资料，了解线路安装工艺要求等知识；
② 按照图 4-75 确定家庭照明电路电器安装的位置和导线敷设途径；
③ 在模拟墙上打好所有固定点的安装孔眼；
④ 装设 PVC 管、管卡及各种安装支架；
⑤ 根据图 4-75 敷设导线；
⑥ 安装照明灯、开关和其他电器。

注意：
① 本项目实践采用 220V 市电，实践过程中请注意安全操作；
② 功率表等仪器仪表请规范使用；
③ 闭合电路时请提前检查好线路各处是否接触良好。

4.6 项目评价

项目工单

姓名		班级		成绩		工位	
项目要求	（1）正弦交流电的基础知识。 （2）单一参数正弦交流电路的分析。 （3）多参数正弦交流电路的分析。 （4）正弦交流电路的功率。 （5）家庭照明电路的仿真。 （6）家庭照明电路的故障排除。						
	任务完成结果（故障分析、存在问题等）						注意事项
项目实施步骤： 结论与分析： 收获：							
评阅教师：				评阅日期：			
考核细则							
从学生学习行为和效果两个维度展开评价，并为服务社会、技能大赛和考取证书单列分值。根据职业资格标准、学习过程、实际操作情况、学习态度等多方面进行考核，可分为自我评价、组内互评、教师评价和企业导师评价。 得分说明：自我评价占总分的30%，组内互评占总分的30%，教师评价占总分的20%，企业导师评价占总分的20%。							
基本素养（20分）							
序号	考核内容		分值	自我评价	组内互评	教师评价	小计
1	考勤、课堂互动、讨论、头脑风暴参与度、小组团队合作		10				
2	安全文明规范操作规程		5				
3	实训室6S管理（整理、整顿、清扫、清洁、素养、安全）		5				
理论知识（30分）							
序号	考核内容		分值	自我评价	组内互评	教师评价	小计
1	正弦交流电路的基础知识		5				
2	单一参数正弦交流电路分析		5				
3	多参数正弦交流电路分析		10				
4	正弦交流电路的功率		5				
5	耦合电感电路		5				

续表

技能操作（50分）						
序号	考核内容	分值	自我评价	组内互评	企业导师评价	小计
1	家庭照明电路的仿真验证	20				
2	家庭照明电路的安装、调试与故障排除	30				
	总分					

4.7 项目总结

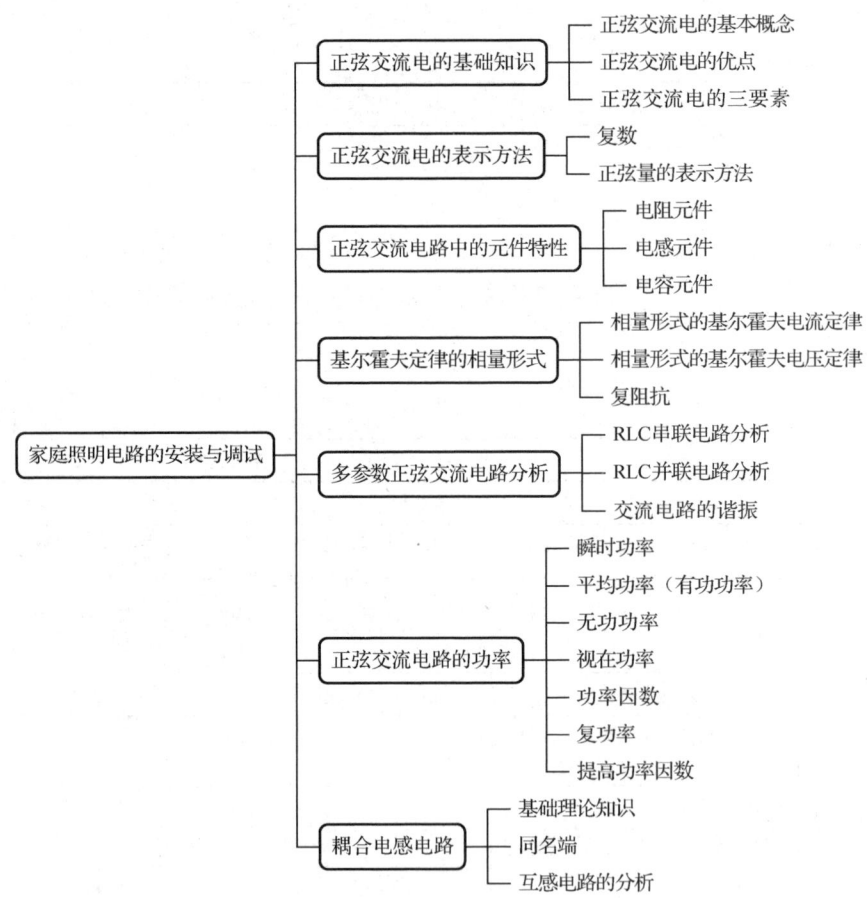

4.8 项目拓展

请规范安装家庭中一室一厅的照明电路，要求如下：

（1）布置两盏灯，一盏为客厅的荧光灯，由单控开关控制；另一盏为卧室照明灯，由双控开关控制。

（2）两个插座，一个五孔插座，一个两孔插座。

（3）客厅进线处安装断路器。

习题

项目五　制造车间供电电路的安装与调试

5.1　项目引入

三相电路在发电、输电、配电及大功率用电设备等电力系统中应用广泛，车间供电电路就是较为典型的三相电路。

三相电路由三相电源、三相负载和三相传输线路组成，具有一组或多组电源，每组电源由三个振幅相等、频率相同、彼此间相位差为120°的正弦电源构成，其电源和负载有特定的连接方式。

5.2　项目目标与重难点

知识目标

（1）了解对称三相电源的概念、三相交流电源的特点。
（2）掌握三相电源的连接及相、线电压的关系。
（3）掌握三相负载的星形（Y）和三角形（△）的连接方式。
（4）掌握三相电路的概念、采用不同连接方式的对称三相电路线电压与相电压之间的关系、线电流与相电流之间的关系及计算方法。

技能目标

（1）会对三相电源的相电压与线电压进行测量。
（2）能正确选用三相负载的连接方式，并能够与电源正确连接。

素质目标

（1）强化学生在强电工作环境下的安全意识。
（2）提高学生严谨求实、细致认真的职业素养。

学习重点

对称三相电路的连接方式，线电压与相电压之间的关系，线电流与相电流之间的关系，三相交流电路的安装、测量与排故。

> 学习难点
>
> 三相交流电路的安装、测量与排故。

5.3 知识链接

5.3.1 三相交流电的基本知识

1. 三相交流电的产生

三相交流电一般是由三相交流发电机产生的，如图 5-1 所示为三相交流发电机原理图。三相交流发电机的工作原理其实与单相交流发电机相同，但其结构上有 3 个完全相同的定子绕组，3 个绕组的一端（首端 A、B、C）和另一端（末端 X、Y、Z）相位差为 120°，AX、BY、CZ 都称为发电机的一相，AX 电枢绕组及电动势如图 5-2 所示，AX、BY、CZ 构成了三相发电机的对称三相绕组。

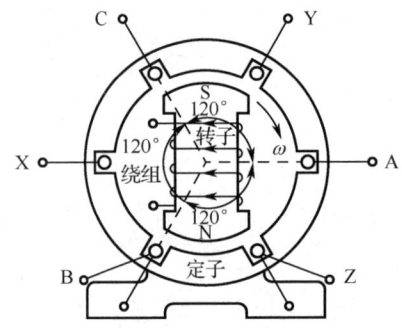

图 5-1 三相交流发电机原理图

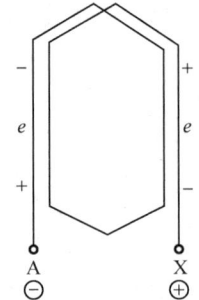

图 5-2 AX 电枢绕组及电动势

铁芯和绕组共同构成发电机的电枢，电枢是固定的，称为定子。当电枢沿逆时针方向等速旋转时，各绕组内感应出相同频率、相同振幅和相位差为 120°的电源（或电动势），这三个电压源称为对称三相电源（或对称三相电动势），对称三相电源的相量图和波形图如图 5-3 所示。本章中研究对象均指对称三相电源或对称三相负载。

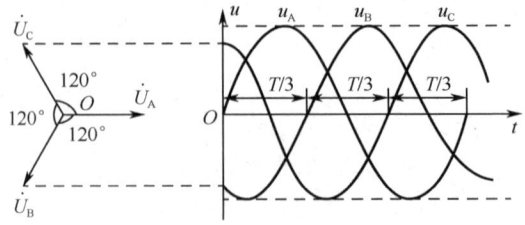

图 5-3 对称三相电源的相量图和波形图

磁极是旋转的，称为转子。转子由直流电磁铁构成，转子绕组中通入直流电产生固定磁极，转子铁芯上绕有励磁绕组，励磁绕组布置适当，便于定子与转子之间空气隙的磁感应强度按照正弦规律分布。

2. 三相电源

三相电动势 e_A、e_B 和 e_C 的正方向均从绕组末端指向首端，相应三相感应电压 u_A、u_B 和 u_C 的正方向均从绕组首端指向末端。假设 AX 绕组中产生的感应电动势的初相位为零，BY、CZ 分别滞后三分之一、三分之二周期，三相绕组中的感应电动势用三角函数式表示为

$$\begin{cases} e_A = E_m \sin \omega t \\ e_B = E_m \sin(\omega t - 120°) \\ e_C = E_m \sin(\omega t - 240°) = E_m \sin(\omega t + 120°) \end{cases} \quad (5\text{-}1)$$

第一相绕组 AX 产生的电压 u_A 经过计时起点，那么第二相绕组 BY 产生的电压 u_B 滞后 u_A 三分之一周期，第三相绕组 CZ 产生的电压 u_C 滞后 u_A 三分之二周期，以 AX 绕组中的感应电压 u_A 为参考正弦量，那么发电机三相感应电压的解析式为

$$\begin{cases} u_A = \sqrt{2} U \sin \omega t \\ u_B = \sqrt{2} U (\omega t - 120°) \\ u_C = \sqrt{2} U (\omega t + 120°) \end{cases} \quad (5\text{-}2)$$

u_A、u_B 和 u_C 均为正弦量，所以三相感应电压可以用相量表达，为

$$\begin{cases} \dot{U}_A = U \angle 0° \\ \dot{U}_B = U \angle -120° = U e^{-j120°} = U \dfrac{-1-j\sqrt{3}}{2} \\ \dot{U}_C = U \angle 120° = U e^{j120°} = U \dfrac{-1+j\sqrt{3}}{2} \end{cases} \quad (5\text{-}3)$$

从式 5-2 和图 5-3 均可得出对称三相正弦量的瞬时值之和等于零的结论，从式 5-3 也可推出对称三相正弦量的相量之和等于零。

3. 三相对称电压

三相电压达到幅值或零值的先后次序或者对称三相交流电在相位上的先后次序称为相序，图 5-3 所示的三相感应电压的相序为 A→B→C→A，称为顺相序，简称正序或顺序；若相序为 A→C→B→A，则称为逆相序，简称负序或逆序。

当电枢顺时针旋转时，三相电压达到零值的顺序为 $u_A \to u_B \to u_C \to u_A$，那么三相电压的相序就为 A→B→C→A，我国电力系统中如无特殊说明，默认采用顺序。对称三相电压满足

$$u_A + u_B + u_C = 0, \quad \dot{U}_A + \dot{U}_B + \dot{U}_C = 0 \quad (5\text{-}4)$$

5.3.2 三相电源的连接

三相发电机的每相绕组都可以单独接负载，相对独立，成为不连接的三个单向电路，如图 5-4 所示，但这种连接方式总共需要 6 根导线来输送电能，称为三相六线制，既不经济也未能发挥出三相对称交流电的优势，所以一般不采用。

实际工程中，三相电源的三相绕组一般采用星形（Y）连接和三角形（△）连接两种方式。

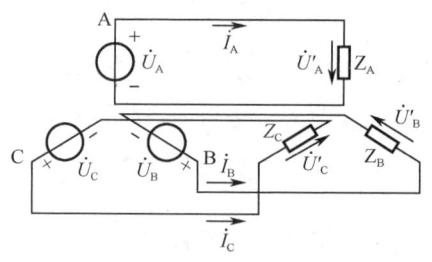

图 5-4 三相六线制

规定：从绕组末端指向首端规定为各相电动势的正方向，从绕组首端指向末端规定为相电压的正方向。

1. 三相电源的星形连接

三相电源绕组的首端 A、B、C 向外引出 U、V、W 三根输电线，即电源的相线（也称火线），三相电源绕组的末端 X、Y、Z 连接在一起，向外引出一根 N 线，即电源的中性线（也称零线、地线），这种把发电机三相绕组的末端 X、Y、Z 连接成一点，将首端 A、B、C 作为与外电路连接的端点的连接方式称为三相电源的星形连接，如图 5-5 所示。

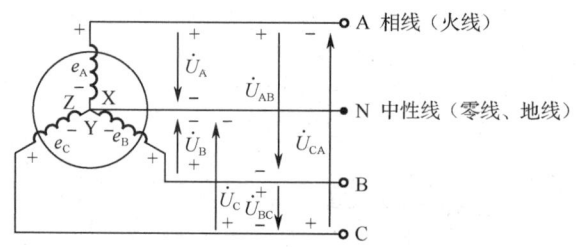

图 5-5 三相电源的星形连接

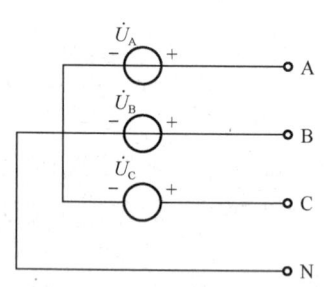

图 5-6 三相四线制的表示方法

从三相电源引出三根相线和一根中性线的供电方式称为三相四线制，如图 5-6 所示，如果三相电源不向外引出中性线，就构成三相三线制的星形连接。

三相四线制可以提供相电压 U_P（相线与中性线之间的电压，如 u_A、u_B 和 u_C，用相量表示为 $\dot{U}_A$、$\dot{U}_B$ 和 $\dot{U}_C$）和线电压 U_L（相线与相线之间的电压，如 u_{AB}、u_{BC} 和 u_{CA}，用相量表示为 $\dot{U}_{AB}$、$\dot{U}_{BC}$ 和 $\dot{U}_{CA}$）。

注意：① 相电压的参考方向规定为由相线指向中性线，线电压的参考方向规定为由下标第一个字母指向第二个字母。

② 三相电气设备铭牌数据上的电流参数，通常是指线电流。

实际工程中，常用导线的颜色来区分相线和中性线，用黄、绿和红色表示 U、V 和 W 三根火线，用淡蓝色表示中性线。在三相五线制供配电系统中，用黄绿相间的线来表示接地保护线，智能制造车间的导线颜色必须严格符合国家规范。

假设电源绕组中性点的电位为零，那么首端电位等于各相电压，根据两点之间的电压等于这两点的电位之差原则，可得各线电压与对应的相量式为

$$\begin{cases} u_{AB} = u_A - u_B \\ u_{BC} = u_B - u_C \\ u_{CA} = u_C - u_A \end{cases} \Rightarrow \begin{cases} \dot{U}_{AB} = \dot{U}_A - \dot{U}_B = \dot{U}_A + (-\dot{U}_B) = \sqrt{3}\dot{U}_A \angle 30° \\ \dot{U}_{BC} = \dot{U}_B - \dot{U}_C = \dot{U}_B + (-\dot{U}_C) = \sqrt{3}\dot{U}_B \angle 30° \\ \dot{U}_{CA} = \dot{U}_C - \dot{U}_A = \dot{U}_C + (-\dot{U}_A) = \sqrt{3}\dot{U}_C \angle 30° \end{cases} \tag{5-5}$$

由式 5-5 可得 $U_L = \sqrt{3}U_P$ 且各线电压均超前相应的相电压 30°。如图 5-7 所示，由于发电机绕组的阻抗小到可以近似忽略不计，可得知相电压和相对应的电动势基本相等，因此也可认为相电压基本对称。作相量图时，先画出 $\dot{U}_A$、$\dot{U}_B$ 和 $\dot{U}_C$，然后可根据式 5-5 画出 $\dot{U}_{AB}$、$\dot{U}_{BC}$ 和 $\dot{U}_{CA}$，那么由图可见各线电压对称，且相位超前相应的相电压 30°，线电压和相电压的大小可从相量图中得出，即

$$\frac{1}{2}U_L = U_P \cos 30° = \frac{\sqrt{3}}{2}U_P \rightarrow U_L = \sqrt{3}U_P \tag{5-6}$$

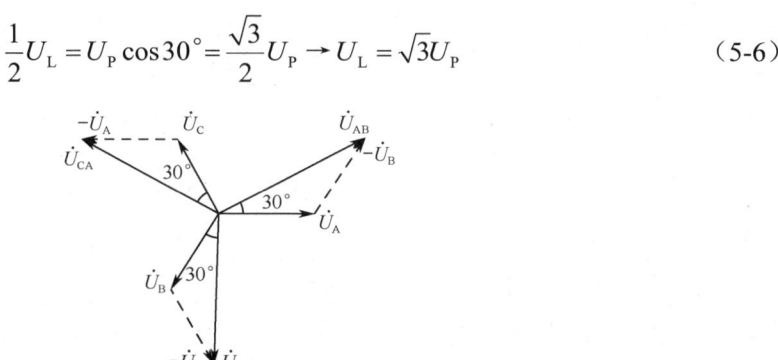

图 5-7 星形连接时线电压和相电压相量图

发电机的绕组连接成星形时，既可以得到相电压，也可以得到线电压，对用户较为方便，所以非常实用。例如，星形连接电源 $U_P = 220V$，那么 $U_L = \sqrt{3}U_P = \sqrt{3} \times 220 \approx 380V$，在智能制造车间，既能提供车间日常照明或其他负载等用电，也能为车间动力设备供电。

2. 三相电源的三角形连接

将三相交流发电机 A 相绕组的末端 X 和 B 相绕组的首端 B 连接，B 相绕组的末端 Y 和 C 相绕组的首端 C 连接，C 相绕组的末端 Z 和 A 相绕组的首端 A 连接，A、B、C 端分别引出向负载的三根线，这种将三相绕组的首、末端依次相连的接法就是三角形（△）连接，如图 5-8 所示。三角形连接的电源，相电压、线电压、线电流的概念与星形连接的电源相同，但三角形连接的电源没有中性线，只能构成三相三线制供电系统，只能提供线电压。

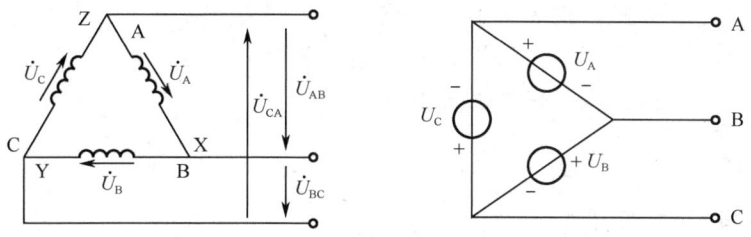

图 5-8 三相电源的三角形连接

电源采用三角形连接时，两两相线均由各相绕组的两端引出，每相绕组上的电压为相电压 u_A、u_B 和 u_C，端线上的电压为线电压 U_{AB}、U_{BC} 和 U_{CA}，由图 5-8 可知相电压等于线电压

$U_L = U_P$,即

$$\begin{cases} u_A = u_{AB} \\ u_B = u_{BC} \\ u_C = u_{CA} \end{cases} \Rightarrow \begin{cases} \dot{U}_A = \dot{U}_{AB} \\ \dot{U}_B = \dot{U}_{BC} \\ \dot{U}_C = \dot{U}_{CA} \end{cases} \tag{5-7}$$

画出相量图,如图 5-9 所示,可得三个相电压(线电压)之和为零,即

$$\dot{U}_A + \dot{U}_B + \dot{U}_C = 0$$

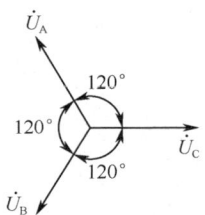

图 5-9 三相电源的三角形连接电压相量图

注意:在市电系统中,采用三角形连接时相电压和线电压均为 380V,通常称为动力电源。

三相电源三角形连接正确时,电源回路中没有电流。但是如果有一相绕组接反,例如,C 相绕阻接反,即把 Z 端与 Y 端连接,如图 5-10 所示,则当 A 端、C 端还未连接时,就有 $U_C = U_{AB} + U_{BC} + U_{CA} = U_A + U_B - U_C = -2U_{AC}$,即开口处的电压有效值等于两倍的每相电源电压值,因为各相电源绕组的阻抗很小,所以当一相绕组接反时,电源回路中就会产生很大的环流而烧坏电源绕组。

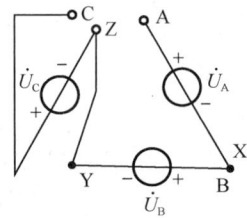

图 5-10 C 相绕组接反

为确保三相电源三角形连接无误,一般先将三个绕组接成开口三角形,然后用一个量程超过两倍相电压的电压表的两根表笔连接电路,将开口闭合起来,由于电压表的阻抗很大,无论三相绕组的连接是否正确,电源回路中的电流都很小,这样就能确保不会损坏绕组。如果电压表的读数为零,可以判断绕组接线正确。

5.3.3 三相负载

1. 三相负载的基本知识

负载按照对供电电源的要求可以分为单相负载和三相负载,单相负载是在工作时只需要单相电源供电的负载,如冰箱、电视等;三相负载需要三相电源供电且由三个单相负载按照一定的规律连接而成,如三相异步电动机、三相电炉等。

三相负载有两种:三相对称负载和三相不对称负载。对称指的是三相负载性质相同且大

小相等,性质指电阻性、电感性或电容性,大小指复阻抗,性质和大小同时符合条件的才是三相对称负载,即 $R_A = R_B = R_C = R$,$X_A = X_B = X_C = X$;三相不对称负载的三相负载性质或者大小不相同。

在三相电路中,三相负载有星形和三角形连接两种方式。

2. 三相负载的星形连接

三相负载的星形连接指的是将每相负载的尾端连成一点用 N′ 表示,然后将首端分别接到三根相线上。如果将电源的中点(N)和负载的中点(N′)用导线连接的话,就构成了三相四线制电路,如图 5-11 所示。

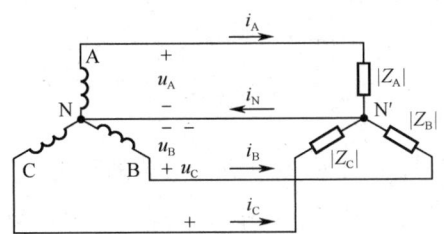

图 5-11 三相负载星形连接的三相四线制电路

相电流是每相负载的电流,线电流是通过端线的电流,由图 5-11 可知负载星形连接时相电流等于线电流,即 $I_L = I_P$,因输电线上的阻抗非常小,所以三相负载上的线电压等于电源的线电压,三相负载上的相电压也等于电源的相电压,即 $U_L = U_P$。

因为有中性线的存在,所以对称电源电压 u_A、u_B 和 u_C 会直接加到三相负载 Z_A、Z_B 和 Z_C 上,那么三相负载的相电压也对称。各相负载的相电压与相电流的相位差为 $\varphi_A = \arctan \dfrac{X_A}{R_A}$,$\varphi_B = \arctan \dfrac{X_B}{R_B}$,$\varphi_C = \arctan \dfrac{X_C}{R_C}$。各相负载的电流为 $I_A = \dfrac{U_A}{|Z_A|}$,$I_B = \dfrac{U_B}{|Z_B|}$,$I_C = \dfrac{U_C}{|Z_C|}$。中性线的电流为 $i_N = i_A + i_B + i_C \xrightarrow{\text{相量式}} \dot{I}_N = \dot{I}_A + \dot{I}_B + \dot{I}_C$。

三相对称负载采用星形连接时各相电压相等,所以相电流也相等,即

$$I_A = I_B = I_C = I_P = \frac{U_P}{|Z|}$$

$$|Z| = \sqrt{R^2 + X^2}$$

$$\varphi_A = \varphi_B = \varphi_C = \varphi = \arctan \frac{X}{R}$$

如图 5-12 所示,中性线电流为零,即 $i_N = i_A + i_B + i_C = 0 \rightarrow \dot{I}_N = \dot{I}_A + \dot{I}_B + \dot{I}_C = 0$。

分析三相对称负载电路时,因电压和电流均对称:大小相等、相位相差 120°,所以只需要分析计算一相的数据即可。

采用星形连接的为不对称负载时,各相数据就需一一计算,如图 5-13 所示,假设相电压 $\dot{U}_A$ 为参考相量,可根据 $\dot{U}_A = U_A \angle 0°$、$\dot{U}_B = U_B \angle -120°$、$\dot{U}_C = U_C \angle 120°$ 求解每相负载电流,且中性线电流不为零,即 $\dot{I}_N = \dot{I}_A + \dot{I}_B + \dot{I}_C \neq 0$。

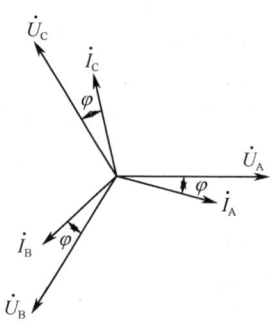
图 5-12 三相对称负载星形连接相量图

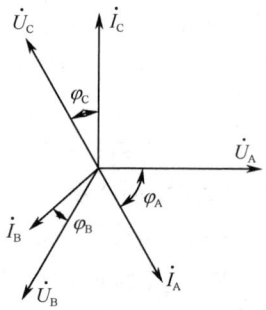
图 5-13 三相不对称负载星形连接相量图

注意：三相对称负载采用星形连接时，中性线可以不设置；三相不对称负载采用星形连接时，中性线不可省略，因为中性线中有电流，不设置会导致负载上的三相电压不对称从而造成设备不能正常工作。

例 1：三相四线制电路如图 5-14 所示，每相负载的阻抗均为 $Z=3+j4\Omega$，$U_L=380V$。请求解各相负载的相电压、相电流和中性线电流，并画出电压与电流的相量图。

解：

相电压：$U_L = \sqrt{3}U_P = 380V \rightarrow U_P = \dfrac{U_L}{\sqrt{3}} \approx \dfrac{380}{1.732} \approx 220V$

相电流：$U_P = I_P |Z| \rightarrow I_P = \dfrac{U_P}{|Z|} = \dfrac{220}{\sqrt{3^2+4^2}} = 44A$

相位差：$\varphi = \arctan\dfrac{X}{R} = \arctan\dfrac{4}{3} \approx 53.1°$

设 $\dot{U}_1 = U_1 \angle 0° \rightarrow \begin{cases} \dot{I}_1 = \dfrac{\dot{U}_1}{Z} = \dfrac{220\angle 0°}{5\angle 53.1°} = 44\angle -53.1°A \\ \dot{I}_2 = \dfrac{\dot{U}_2}{Z} = \dot{I}_1 \angle -53.1°-120° = 44\angle -173.1°A \\ \dot{I}_3 = \dfrac{\dot{U}_3}{Z} = \dot{I}_1 \angle -53.1°+120° = 44\angle 66.9°A \end{cases}$

中性线电流：$\dot{I}_N = \dot{I}_1 + \dot{I}_2 + \dot{I}_3 = 0$

画相量图，如图 5-15 所示。

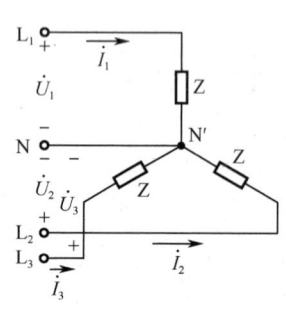
图 5-14 例 1 图

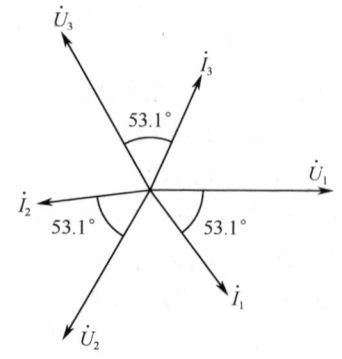
图 5-15 例 1 解答相量图

例2：三相四线制电路如图 5-16 所示，电源电压为 380V，请求解各相负载的电流和中性线电流，并画出相量图。

解：因电源电压为 380V，所以 $U_P = 220V$，$U_L = 380V$。

设 $\dot{U}_A = U_A \angle 0° \rightarrow \begin{cases} \dot{U}_A = 220\angle 0°\text{V} \\ \dot{U}_B = 220\angle -120°\text{V} \\ \dot{U}_C = 220\angle 120°\text{V} \end{cases}$

则 $\begin{cases} \dot{I}_A = \dfrac{\dot{U}_A}{Z_A} = \dfrac{220\angle 0°}{4+j3} = \dfrac{220\angle 0°}{5\angle 36.9°} = 44\angle -36.9°\text{A} \\ \dot{I}_B = \dfrac{\dot{U}_B}{Z_B} = \dfrac{220\angle -120°}{5\angle 0°} = 44\angle -120°\text{A} \\ \dot{I}_C = \dfrac{\dot{U}_C}{Z_C} = \dfrac{220\angle 120°}{6-j8} = \dfrac{220\angle 120°}{10\angle -53.1°} = 22\angle 173.1°\text{A} \end{cases}$

中性线电流：

$$\dot{I}_N = \dot{I}_A + \dot{I}_B + \dot{I}_C = 44\angle -36.9° + 44\angle -120° + 22\angle 173.1° \approx 62.5\angle -97.1°\text{A}$$

画相量图，如图 5-17 所示。

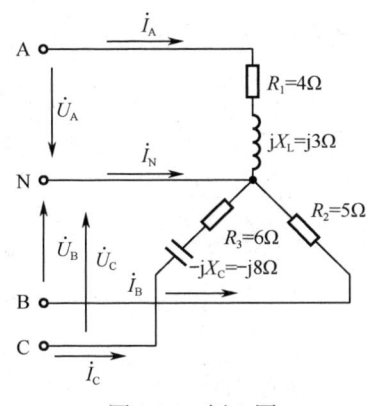

图 5-16 例 2 图

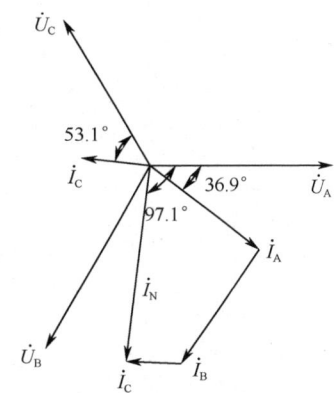

图 5-17 例 2 解答相量图

3. 三相负载的三角形连接

三相负载的三角形连接指的是将三个负载首尾相接连成一个闭环三角形，三个连接点分别与电源的三根相线相连，如图 5-14 所示。

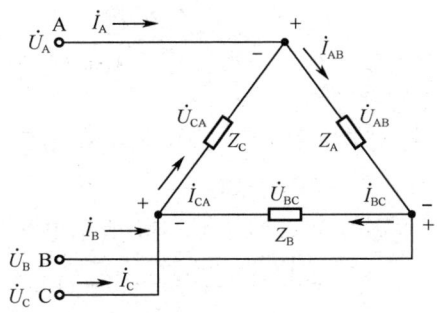

图 5-18 三相负载三角形连接

由图 5-18 可知当对称负载采用三角形连接时，$I_L = I_P$，假设 $Z_A = Z_B = Z_C$，线电压为 $\dot{U}_{AB}$、$\dot{U}_{BC}$ 和 $\dot{U}_{CA}$，各相负载的相电压为 $\dot{U}_A$、$\dot{U}_B$ 和 $\dot{U}_C$，相电压 u_A、u_B 和 u_C 分别等于线电压 u_{AB}、u_{BC} 和 u_{CA}，对应的相量式存在相等关系，即

$$\begin{cases} u_A = u_{AB} \\ u_B = u_{BC} \\ u_C = u_{CA} \end{cases} \Rightarrow \begin{cases} \dot{U}_A = \dot{U}_{AB} \\ \dot{U}_B = \dot{U}_{BC} \\ \dot{U}_C = \dot{U}_{CA} \end{cases} \xrightarrow{\text{相电压对称}} U_{AB} = U_{BC} = U_{CA} = U_L = U_P \tag{5-8}$$

各相负载相电流对称，即

$$\begin{cases} I_{AB} = \dfrac{U_{AB}}{|Z_A|} \\ I_{BC} = \dfrac{U_{BC}}{|Z_B|} \\ I_{CA} = \dfrac{U_{CA}}{|Z_C|} \end{cases}, \begin{cases} |Z_A| = |Z_B| = |Z_C| = Z \\ \varphi_{AB} = \varphi_{BC} = \varphi_{CA} = \varphi \end{cases} \xrightarrow{\text{相电流对称}} \begin{cases} I_{AB} = I_{BC} = I_{CA} = I_P = \dfrac{U_P}{Z} \\ \varphi_{AB} = \varphi_{BC} = \varphi_{CA} = \varphi = \arctan\dfrac{X}{R} \end{cases} \tag{5-9}$$

由图 5-18 结合 KCL 可知相电流与线电流的关系为 $\dot{I}_A = \dot{I}_{AB} - \dot{I}_{CA}$、$\dot{I}_B = \dot{I}_{BC} - \dot{I}_{AB}$ 和 $\dot{I}_C = \dot{I}_{CA} - \dot{I}_{BC}$，画相量图，如图 5-19 所示。相电流对称，线电流也对称，两者的关系为

$$\dfrac{I_L}{2} = I_P \cos 30° = \dfrac{\sqrt{3}}{2} I_P \rightarrow I_L = \sqrt{3} I_P \tag{5-10}$$

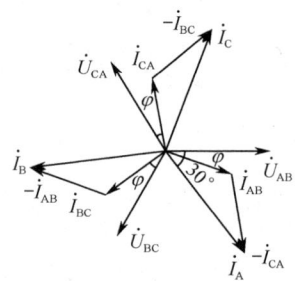

图 5-19 三相负载三角形连接时电压与电流相量图

三相负载采用三角形连接，应先将三角形连接等效变换为星形连接之后再归结为一相进行计算。

因为三相负载对称，则采用三角形连接和星形连接时的阻抗关系为

$$Z_Y = \dfrac{Z_\Delta}{3} \tag{5-11}$$

注意：三相负载采用星形连接还是三角形连接，须依据每相负载的额定电压与电源线电压的关系而定，与电源的连接方式无关。

例 3：对称三相电路如图 5-20 所示，已知 $Z_L = 1 + j2\Omega$、$Z = 19.2 + j14.4\Omega$，线电压 $U_{AB} = 380V$。请求解负载端的相电压和相电流。

解：进行星形和三角形的等效变换得到如图 5-21 所示电路，则

$$Z_Y = \dfrac{Z_\Delta}{3} = \dfrac{19.2 + j14.4}{3} = 6.4 + j4.8\Omega$$

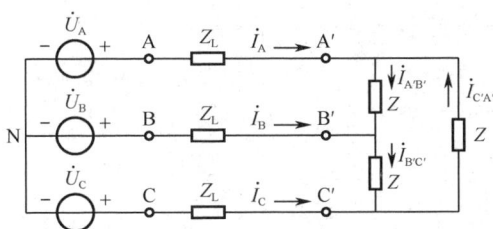

图 5-20 例 3 图

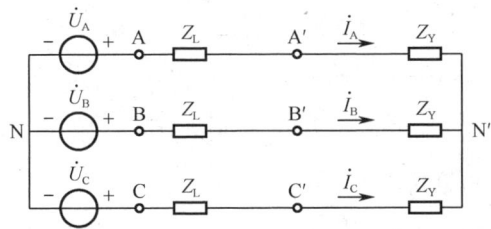

图 5-21 例 3 解答电路

令 $\dot{U}_A = 220\angle 0° \text{V}$，得线电流 $\dot{I}_A$ 为

$$\dot{I}_A = \frac{\dot{U}_A}{Z_Y + Z_L} = \frac{220\angle 0°}{(6.4 + \text{j}4.8) + (1 + \text{j}2)} \approx 22\angle -42.58° \text{A}$$

根据对称性得另外两相线电流为

$$\dot{I}_B = 22\angle -162.58° \text{A}, \quad \dot{I}_C = 22\angle -77.42° \text{A}$$

负载端的相电压为

$$\dot{U}_{A'N'} = \dot{I}_A Z_Y \approx 176\angle -5.7° \text{V}$$

根据线电压和相电压的关系得负载端的线电压为

$$\dot{U}_{A'B'} = \sqrt{3}\dot{U}_{A'N'}\angle 30° \approx 304.8\angle 24.3° \text{V}$$

根据对称性可得另外两相的相电压为

$$\dot{U}_{B'C'} = 304.8\angle -95.7° \text{V}, \quad \dot{U}_{C'A'} = 304.8\angle 144.3° \text{V}$$

负载中的相电流为

$$\begin{cases} \dot{I}_{A'B'} = \dfrac{\dot{U}_{A'B'}}{Z_\Delta} = \dfrac{304.8\angle 24.3°}{19.2 + \text{j}14.4} \approx 12.7\angle -12.57° \text{A} \\ \dot{I}_{B'C'} = \dfrac{\dot{U}_{B'C'}}{Z_\Delta} = \dfrac{304.8\angle -95.7°}{19.2 + \text{j}14.4} \approx 12.7\angle -132.57° \text{A} \\ \dot{I}_{C'A'} = \dfrac{\dot{U}_{C'A'}}{Z_\Delta} = \dfrac{304.8\angle 144.3°}{19.2 + \text{j}14.4} \approx 12.7\angle -107.43° \text{A} \end{cases}$$

5.3.4 对称三相电路的分析

1. 对称三相电路的特点

对称三相四线制电路如图 5-22 所示，$U_A = U_B = U_C$、$Z_A = Z_B = Z_C = Z = |Z|\angle\varphi$，可得对称三相四线制电路的特点如下。

思考题

（1）$\dot{I}_N = 0$，即负载中性点与电源中性点等电位。

注意：当负载对称时，可将中性线断开或短路，对电路无影响。

（2）各负载线电流、相电压和负载端的线电压分别对称。

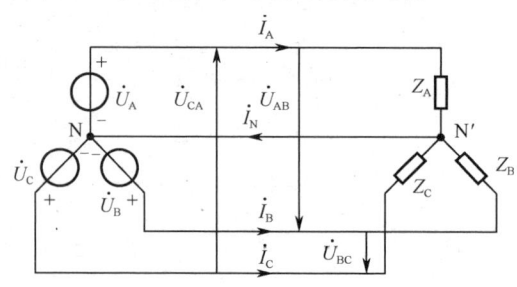

图 5-22　对称三相四线制电路

2. 对称三相电路的一般解法

（1）将原电路的线电压用等效星形连接的对称三相电源的线电压代替，将电路中的三角形连接负载用等效星形连接的负载代替。

（2）假设中性线，将负载的中性点与电源的中性点连接起来，形成等效的三相四线制电路。

（3）取出一相电路，用单相法求解这一相电路的电压与电流。

（4）运用对称性原则求解其他两相的电压与电流。

（5）求解原来三角形连接负载的各相电流。

注意：对称三相电路常采用单相法求解。

5.3.5　三相交流电路的功率

1. 三相交流电路功率的基本关系

（1）有功功率 P。

单相正弦交流电路中的有功功率为 $P_P = U_P I_P \cos\varphi$，将三相交流电路当作三个单相交流电路的组合可以得到三相负载所吸收的有功功率（平均功率）等于各相负载的有功功率之和，当三相负载对称时，三相负载总功率为 $P = 3P_P = 3U_P I_P \cos\varphi$。

（2）无功功率 Q。

单相正弦交流电路中的无功功率为 $Q_P = U_P I_P \sin\varphi$，将三相交流电路当作三个单相交流电路的组合可以得到三相负载的无功功率等于各相负载的无功功率之和，$Q = 3Q_P$。

（3）视在功率 S。

一般情况下三相负载的视在功率不等于各相负载的视在功率之和，而是由有功功率和无功功率决定的，$S = \sqrt{P^2 + Q^2}$。

注意：以上结论与负载的连接方式无关。

思考题

2. 三相对称负载的功率

三相负载对称时，各相的相电压、相电流和相位差均相等，且无论负载采用星形连接还是三角形连接，各相功率都是相等的，可得三相负载功率是每相负载功率的 3 倍，即

$$\begin{cases} P = 3P_\mathrm{P} = 3U_\mathrm{P}I_\mathrm{P}\cos\varphi \\ Q = 3Q_\mathrm{P} = 3U_\mathrm{P}I_\mathrm{P}\sin\varphi \\ S = \sqrt{P^2+Q^2} = 3U_\mathrm{P}I_\mathrm{P} \end{cases} \quad (5\text{-}12)$$

因测量三相负载的线电流与线电压在实际工程中更加方便，将功率公式用线电流与线电压来标志，考虑到三相对称负载采用三角形连接时，$I_\mathrm{L}=\sqrt{3}I_\mathrm{P}$、$U_\mathrm{L}=U_\mathrm{P}$；采用星形连接时，$I_\mathrm{L}=I_\mathrm{P}$、$U_\mathrm{L}=\sqrt{3}U_\mathrm{P}$，得出三相对称负载的功率为

$$\begin{cases} P = \sqrt{3}U_\mathrm{L}I_\mathrm{L}\cos\varphi \\ Q = \sqrt{3}U_\mathrm{L}I_\mathrm{L}\sin\varphi \\ S = \sqrt{3}U_\mathrm{L}I_\mathrm{L} \end{cases} \quad (5\text{-}13)$$

制造车间照明供电系统如图 5-23 所示。

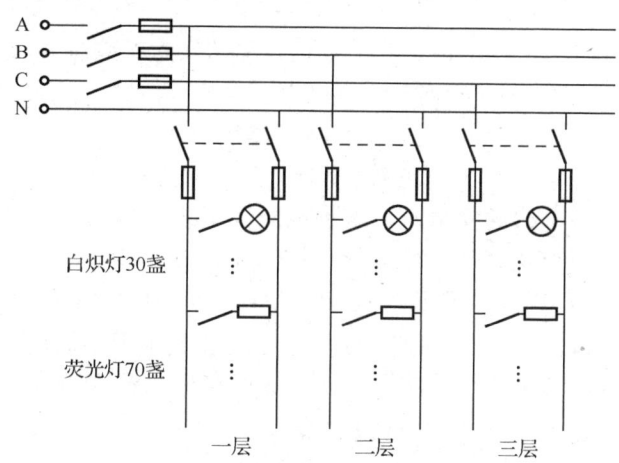

图 5-23 制造车间照明供电系统

例 4：三相异步电动机的铭牌上标注额定电压为 220/380V，接线方式是 △/Y，额定电流是 12.4/7.17A，功率因数 $\cos\varphi = 0.84$。请求解电源 $U_\mathrm{L}=220\text{V}$ 和 380V 时，输入电动机的功率 P_{220} 和 P_{380} 是多少？

解：因接线方式为 △/Y，当 $U_\mathrm{L}=220\text{V}$ 时，有

$$P_{220} = \sqrt{3}U_\mathrm{L}I_\mathrm{L}\cos\varphi \approx 1.732 \times 220 \times 12.4 \times 0.84 \approx 4\text{kW}$$

当 $U_\mathrm{L}=380\text{V}$ 时，$P_{380} = \sqrt{3}U_\mathrm{L}I_\mathrm{L}\cos\varphi \approx 1.732 \times 380 \times 7.17 \times 0.84 \approx 4\text{kW}$

注意：按照铭牌规范操作接线，可保障电动机的输入功率固定。

3. 三相电路功率的测量

常用三相电路功率的测量方法有一表法、二表法和三表法，借助功率表实现。功率表内部有两个线圈，一个线圈与负载并联，用于测量电压；另一个线圈与负载串联，用于测量电流。接入电路时要求两个有"*"的端头连接在一起。

（1）一表法。

一表法测量功率接法如图 5-24 所示，电流线圈与被测电路串联且严禁与负载并联，电压线圈与被测电路并联，带有"*"的电压、电流接线柱必须同为进线端。一表法常用于测量三

相对称负载电路的功率，测得其中一相功率后，三相功率为 $P=3U_\mathrm{P}I_\mathrm{P}\cos\varphi$。

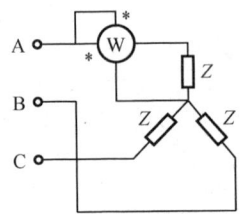
（a）负载星形连接功率表接法

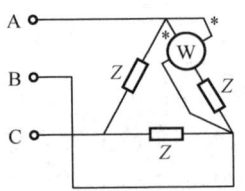
（b）负载三角形连接功率表接法

图 5-24 一表法测量功率接法

（2）二表法。

二表法测量功率接法如图 5-25 所示，其只适用于测量三相三线制电路的功率和对称运行的三相四线制电路。二表法是将三相中的一相作为参考点，然后测量其他两相相对于参考相的线电压、线电流构成的功率。三相总功率等于两个功率表所测功率的代数和，为

$$P_1=U_\mathrm{AC}I_\mathrm{A}\cos(\varphi-30°)$$
$$P_2=U_\mathrm{BC}I_\mathrm{B}\cos(\varphi+30°)$$
$$P=P_1+P_2$$
(5-14)

使用二表法测量三相电路的功率时，若为电阻性负载，两功率表读数相等，则三相有功功率 $P=P_1+P_2$；若为 $\varphi=\pm60°$ 的电感性或电容性负载，功率因数 $\cos\varphi=0.5$，有一个功率表的读数为零，则三相有功功率 $P=P_1$ 或者 $P=P_2$；若为 $\varphi>60°$ 的负载，功率因数 $\cos\varphi<0.5$，会有一个功率表（假设为表 W_2）的读数小于零，可将读数小于零的功率表电流线圈的两个接头进行对调，则三相有功功率等于两功率表读数的代数和，$P=P_1+(-P_2)$。

注意：在二表法测量中，单独一个功率表的读数没有意义。

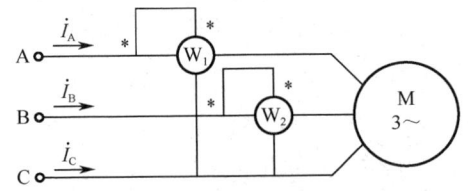

图 5-25 二表法测量功率接法

例 5：Y90L-2 型电动机的额定功率 P_N 是 3kW，绕组为星形连接。如图 5-25 所示，当 $U_\mathrm{L}=380\mathrm{V}$、功率因数 $\cos\varphi=0.844$ 时，请求解图中两个功率表的读数。

解：两个功率表的读数之和等于三相电路总平均功率。

$$I_\mathrm{L}=\frac{P_\mathrm{N}}{\sqrt{3}U_\mathrm{L}\cos\varphi}\approx\frac{3\times10^3}{1.732\times380\times0.844}\approx5.4\mathrm{A}$$

$$\varphi=\arccos 0.844\approx32.4°$$

可知 $I_\mathrm{A}=I_\mathrm{B}=I_\mathrm{C}=5.4\mathrm{A}$，$U_\mathrm{AC}=U_\mathrm{BC}=U_\mathrm{L}=380\mathrm{V}$。

综上，功率表 W_1 的读数为 $P_1=U_\mathrm{AC}I_\mathrm{A}\cos(\varphi-30°)=380\times5.4\times\cos(32.4°-30°)\approx2050\mathrm{W}$。

功率表 W_2 的读数为 $P_2=U_\mathrm{BC}I_\mathrm{B}\cos(\varphi+30°)=380\times5.4\times\cos(32.4°+30°)\approx950\mathrm{W}$。

三相电路总平均功率为 $P=P_1+P_2=2050+950=3000\mathrm{W}$，可验证计算的准确性。

5.4 虚拟仿真

5.4.1 三相负载星形连接仿真

1. 目标

（1）巩固三相交流电路的基本参数的知识。

（2）加深对三相电路星形连接的理解。

（3）掌握三相电源星形连接时线电压与线电流的关系、相电压与相电流的关系。

仿真

2. 仿真步骤

（1）按照图 5-26 所示搭建三相电路星形连接电路图，三相对称交流电源相电压为 220V，线电压为 380V，相位差为 120°，频率为 50Hz。三相交流负载的每相安装 2 个灯泡，灯泡的额定电压为 220V，额定功率为 220W。U1～U3 为交流电流表，用来测量线电流；U4～U6 为交流电流表，用来测量相电流；U7～U9 为交流电压表，用来测量线电压；U10～U12 为交流电压表，用来测量相电压；U13 为交流电流表，用来测量中性线电流，S8 键用来控制中性线的通断。

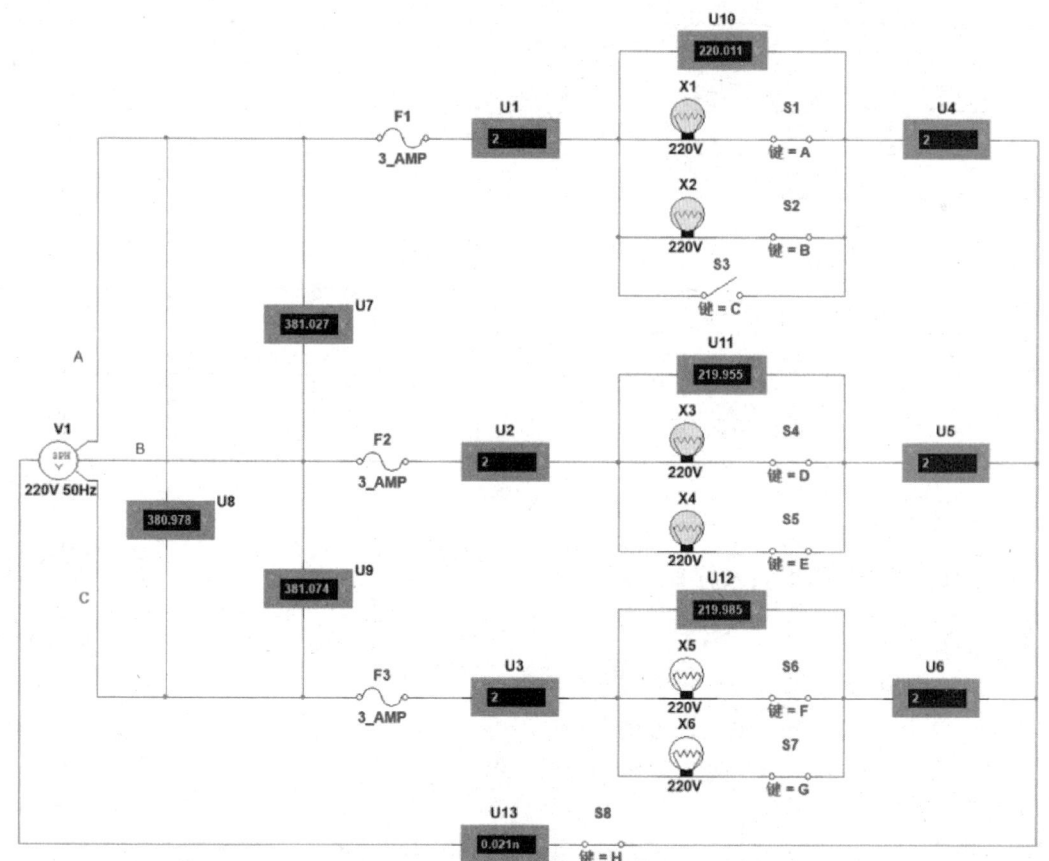

图 5-26 三相电路星形连接电路图

（2）使用交流电流表、电压表和万用表分别测量下列四种情况下的线电压、相电压和电流数据，填入表 5-1 至表 5-4 中。

表 5-1　星形连接负载对称时的仿真结果

有无中性线	线电压/V			相电压/V			电流/A			
	U_{AB}	U_{BC}	U_{AC}	U_A	U_B	U_C	I_A	I_B	I_C	I_N
有										
无										

表 5-2　星形连接负载不对称时的仿真结果

有无中性线	线电压/V			相电压/V			电流/A			
	U_{AB}	U_{BC}	U_{AC}	U_A	U_B	U_C	I_A	I_B	I_C	I_N
有										
无										

表 5-3　星形连接负载有一相断路时的仿真结果

有无中性线	线电压/V			相电压/V			电流/A			
	U_{AB}	U_{BC}	U_{AC}	U_A	U_B	U_C	I_A	I_B	I_C	I_N
有										
无										

表 5-4　星形连接负载有一相短路时的仿真结果

有无中性线	线电压/V			相电压/V			电流/A			
	U_{AB}	U_{BC}	U_{AC}	U_A	U_B	U_C	I_A	I_B	I_C	I_N
有										
无										

（3）对比各项数据，得出中性线的作用。

5.4.2　三相负载三角形连接仿真

仿真

1. 目标

（1）巩固三相负载三角形连接的知识。

（2）加深对三相电路三角形连接的理解。

（3）掌握三相电源三角形连接时线电压与线电流的关系、相电压与相电流的关系。

2. 仿真步骤

（1）按照图 5-27 所示搭建三相电路三角形连接电路图，将不同负载连接情况下的仿真数据填入表 5-5 中。

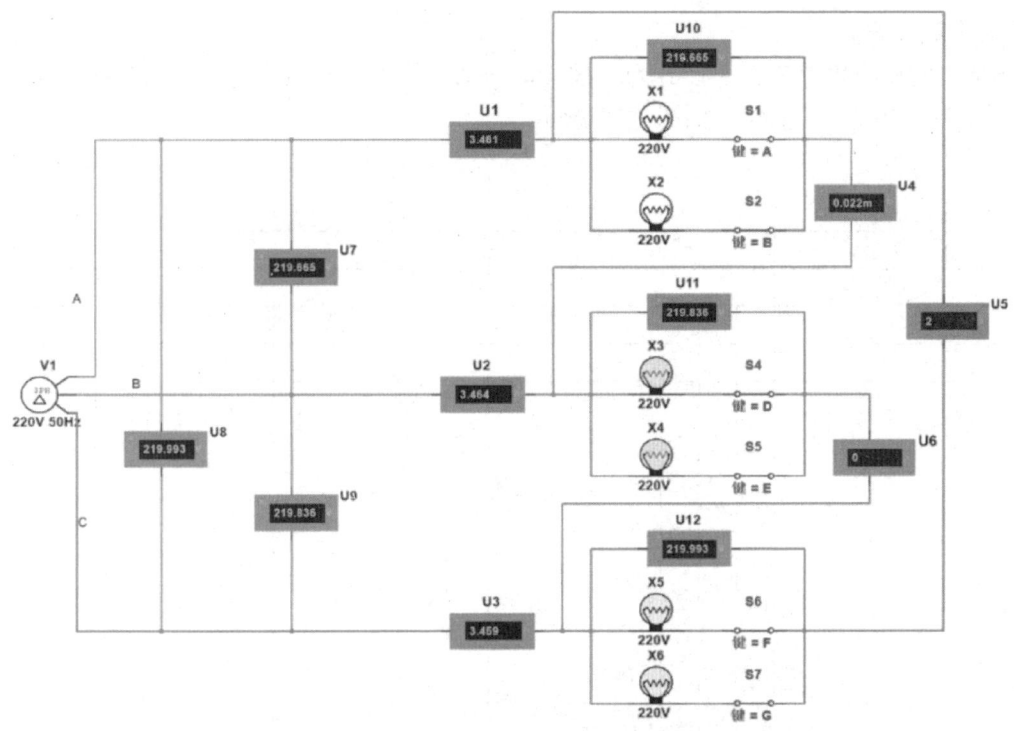

图 5-27 三相电路三角形连接电路图

表 5-5 不同负载连接情况下的仿真数据

负载情况	亮灯数量			相电压=线电压/V			线电流/A			相电流/A		
	AB 相	BC 相	CA 相	U_{AB}	U_{BC}	U_{CA}	I_A	I_B	I_C	I_{AB}	I_{BC}	I_{CA}
三相对称												
三相不对称												

（2）根据测量结果，验证负载采用三角形连接时，对称和不对称两种情况下电路中相电压和线电压、相电流和线电流之间的关系。

（3）思考不对称负载采用三角形连接时，电路可以正常工作吗？

5.5 项目实践——制造车间供电电路的安装与调试

1. 目标
（1）掌握制造车间供电电路的结构。
（2）掌握制造车间供电电路的搭接方法。
（3）掌握制造车间供电电路的调试方法与故障排除方法。

2. 设备
实训器材：PVC 管、线槽、电线、低压断路器、照明灯、开关、三相异步电动机等。

3. 实践步骤

制造车间供电电路简化之后分为三部分，一部分接单相照明电路，一部分接三相异步电动机，另一部分接设备插孔，如图 5-28 所示。

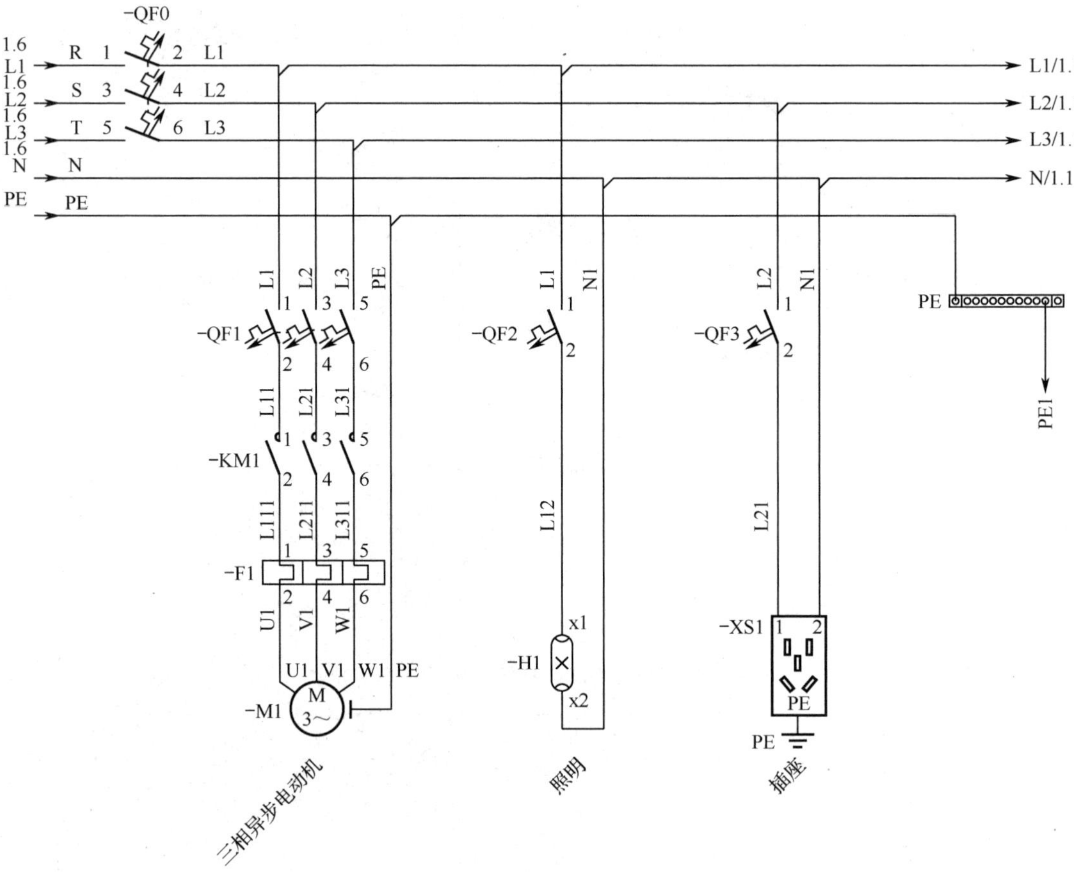

图 5-28　简化版制造车间供电电路图

（1）查阅资料，了解三相五线制电路的安装知识与技能。
（2）在网孔板上按照图 5-28 连接电路。
（3）启停开关，确认单相照明电路可正常使用。
（4）启停电动机，确认三相电路可正常使用。
（5）如遇故障，请断电之后进行排查与检修。

注意：

（1）本项目实践采用 380V 工厂用电，实践过程中请注意安全操作。
（2）低压断路器、电动机等请规范使用。
（3）闭合电路时请提前检查好线路各处是否接触良好。

5.6 项目评价

项目工单

姓名		班级		成绩		工位	
项目要求	（1）三相交流电的基本知识。 （2）三相电源的连接。 （3）三相负载的连接。 （4）三相电路的功率计算。 （5）三相电路的分析。 （6）三相电路的仿真。 （7）三相电路的安装、调试和故障排除。						
任务完成结果（故障分析、存在问题等）						注意事项	
项目实施步骤： 结论与分析： 收获：							
评阅教师：				评阅日期：			

考核细则

从学生学习行为和效果两个维度展开评价，并为服务社会、技能大赛和考取证书单列分值。根据职业资格标准、学习过程、实际操作情况、学习态度等多方面进行考核，可分为自我评价、组内互评、教师评价和企业导师评价。

得分说明：自我评价占总分的30%，组内互评占总分的30%，教师评价占总分的20%，企业导师评价占总分的20%。

基本素养（20分）

序号	考核内容	分值	自我评价	组内互评	教师评价	小计
1	考勤、课堂互动、讨论、头脑风暴参与度、小组团队合作	10				
2	安全文明规范操作规程	5				
3	实训室6S管理（整理、整顿、清扫、清洁、素养、安全）	5				

理论知识（30分）

序号	考核内容	分值	自我评价	组内互评	教师评价	小计
1	三相交流电的基础知识	5				
2	三相电源的连接	5				
3	三相负载的连接	5				
4	三相电路的分析	7.5				
5	三相电路的功率计算	7.5				

续表

技能操作（50分）						
序号	考核内容	分值	自我评价	组内互评	企业导师评价	小计
1	制造车间供电电路的仿真验证	20				
2	制造车间供电电路的安装、调试与故障排除	30				
	总分					

5.7 项目总结

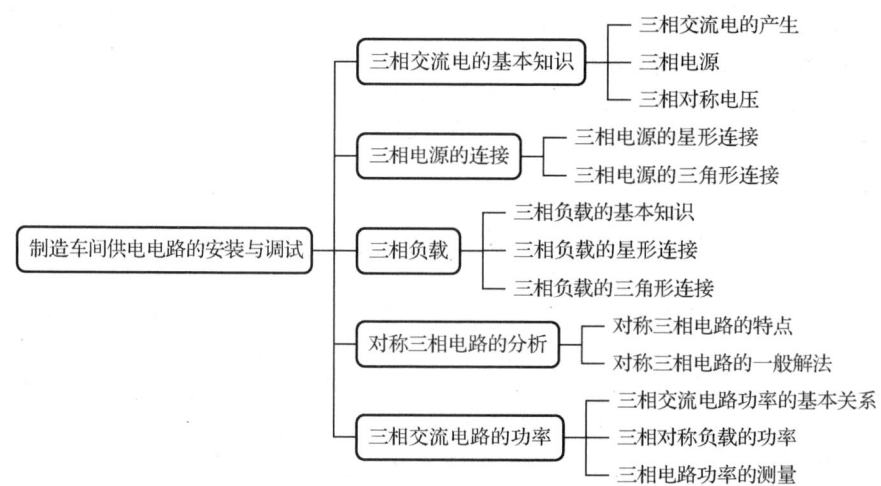

5.8 项目拓展

请规范安装一套简易车间配电电路，要求如下：
（1）车间配置值班室、监控室、医务室和厂房。
（2）值班室、监控室、医务室和厂房照明电路均用单相电，厂房设备用电电路采用三相电。
（3）各电路中均安装熔断器。

习题

项目六　电动机正反转控制电路的安装与调试

6.1　项目引入

继电器是应用于自动控制电路的一种电控制器件,接触器则是一种大功率开关器件,广泛应用于航空航天、船舶、电子、新能源、人工智能、智能制造等领域。《中国电子元器件行业"十四五"发展规划（2021—2025）》及《关于推动能源电子产业发展的指导意见》等提出扶持、鼓励发展电子元器件制造业,继电器的发展也将随之得到相应的支持。同时,随着新材料、新工艺和新技术的应用,"十四五"期间低压电器的智能化与自动化水平也进一步提高,将给接触器行业带来广阔的市场前景。

6.2　项目目标与重难点

知识目标

（1）了解电动机的技术参数。
（2）掌握异步电动机正反转控制工作原理。
（3）掌握常用的低压电器工作原理。
（4）掌握异步电动机正反转控制电路的安装与调试方法。

技能目标

（1）会正确选用及使用低压电器进行正确的接线。
（2）能对三相异步电动机正反转控制电路进行安装与调试。

素质目标

（1）提高学生将知识转化为应用及技能操作的能力。
（2）培养学生严谨求实、精益求精的工匠精神。

学习重点

电动机正反转控制工作原理、三相异步电动机正反转控制电路安装与调试方法。

学习难点

三相异步电动机正反转控制电路的安装与调试。

6.3 知识链接

6.3.1 常用低压电器

思考题

低压电器是指在交流电压 1200V 或直流电压 1500V 及以下的电路中起通断、控制、保护与调节等作用的电器。常见的低压电器有开关、低压断路器、熔断器、接触器和继电器等。

1. 刀开关

刀开关是结构简单、应用广泛的手动开关之一，又称为闸刀，一般用于不频繁地切断与闭合的电路，在额定电压下其工作电流不能超过额定值。如在机床中应用时，刀开关一般用作电源开关，但不用来接通或切断电动机的工作电流。

刀开关通常由绝缘底板、动触刀、静触座、灭弧装置、安全挡板和操作机构组成。其图形符号如图 6-1、图 6-2 所示。

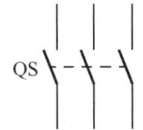

图 6-1　刀开关图形符号　　　　图 6-2　带熔断器式刀开关图形符号

根据工作原理、使用条件和结构形式的不同，刀开关可分为刀形转换开关、开启式负荷开关（胶盖瓷底刀开关）、封闭式负荷开关（铁壳开关）、熔断器式刀开关和组合开关等。

刀开关根据极数分为单极式、双极式和三极式，如图 6-3、图 6-4 所示分别为单极双掷式刀开关、三极单掷式刀开关，常用的三极刀开关允许通过电流有 100A、200A、400A、600A 和 1000A 五种。刀开关按转换方式分为 HD 型（单投式）和 HS（双投式）等，按操作方式可分为手柄直接操作式和杠杆式。

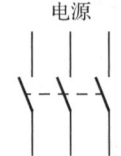

图 6-3　单极双掷式刀开关　　　　图 6-4　三极单掷式刀开关

2. 低压断路器

低压断路器又称自动空气开关或自动空气断路器，其主要用于不频繁通断电路，并能在电路过载、短路及欠压时自动分断电路，起到保护电路和电气设备的作用，是一种重要的控制和保护电器，具有操作安全、分断能力较强的特点。

常用的低压断路器有框架式 DW 系列（万能式）和塑壳式 DZ 系列（装置式）。塑壳式断路器也称为装置式断路器，其将触点、灭弧室、脱扣器和操作机构等组装在塑料外壳内，适用于做支路的保护开关，其外形如图 6-5 所示；框架式自动开关所有零部件装在一个绝缘金属框架内，通常为开启式。低压断路器按相数又分为单相式和三相式。

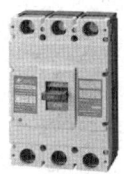 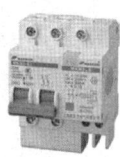     

DW15系列　DW17系列　DW45系列

图 6-5　低压断路器

低压断路器内部结构一般包括：触点系统、灭弧装置、脱扣机构、传动操作机构，如图 6-6 所示。

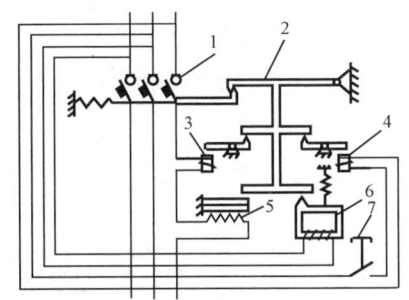

1—主触点；2—自由脱扣器；3—过电流脱扣器；4—分励脱扣器；5—热脱扣器；6—失压脱扣器；7—按钮。

图 6-6　低压断路器结构示意图

低压断路器通过手动操作或电动合闸的方式使得主触点闭合，主触点闭合后，自由脱扣器将主触点锁在合闸位置上。过电流脱扣器的线圈和热脱扣器的热元件与主电路串联，失压脱扣器的线圈和电源并联。

当电路发生短路或严重过载时，过电流脱扣器的衔铁吸合，使自由脱扣器动作，主触点断开，主电路失电；当电路过载时，热脱扣器的热元件发热使双金属片弯曲变形，继而推动自由脱扣器动作，主触点断开，主电路失电。

当电路欠电压时，失压脱扣器的衔铁释放，也使自由脱扣器动作，主触点断开，主电路失电；当按下分励脱扣器的按钮时，分励脱扣器衔铁吸合，使自由脱扣器动作，主触点断开，主电路失电。

低压断路器的图形符号如图 6-7 所示。

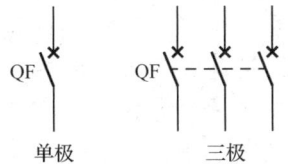

图 6-7　低压断路器的图形符号

选择断路器时应注意以下几点：①断路器的额定电压和额定电流应不小于电路的正常工作电压和工作电流；②热脱扣器的整定电流应与所控制的电动机的额定电流或负载额定电流一致。

3. 交流接触器

交流接触器是利用电磁吸力进行操作的电磁开关，适用于远距离频繁接通或断开交流主电路和大容量控制电路。

其主要控制对象包括：电动机、电热设备、电焊机等，具有操作方便、动作迅速、操作频率高、灭弧性能好等优点，并能实现远距离操作和自动控制，应用广泛，如图6-8所示。

图6-8 交流接触器外形图

（1）主要结构。

交流接触器结构示意图如图6-9所示。其中包括：①触点系统：主触点、辅助触点、常开触点（动合触点）、常闭触点（动断触点）；②电磁机构：动、静铁芯，吸引线圈和反作用弹簧；③灭弧系统：灭弧罩及灭弧栅片。

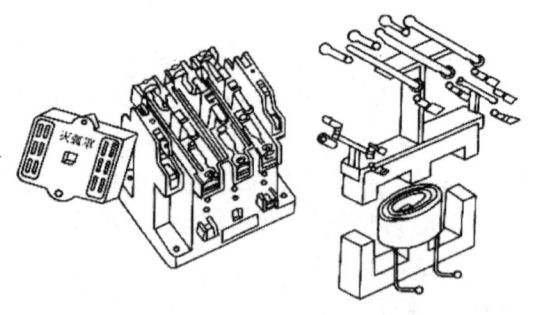

图6-9 交流接触器结构示意图

（2）工作原理。

通过电磁吸力与弹簧弹力来实现触点的接通和断开。当交流接触器接通电源后，吸引线圈得电，使静铁芯产生电磁吸力，衔铁被吸合，与衔铁相连的连杆带动主触点动作闭合，同时常闭触点断开、常开触点闭合，接触器处于得电状态；当吸引线圈断电时，电磁吸力消失，衔铁失力复原，使主触点断开，同时常开触点断开、常闭触点闭合，即在弹簧作用下释放，所有触点随之复位，此时交流接触器处于失电状态。为防止铁芯振动，需加短路环。

常用交流接触器在0.85～1.05倍额定电压下，能保证可靠吸合。

（3）交流接触器的符号。

交流接触器的图形符号如图 6-10 所示。

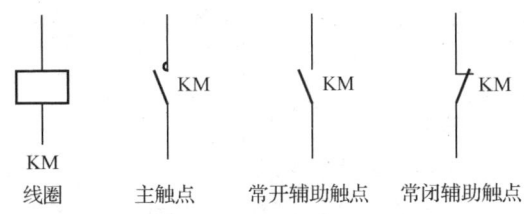

图 6-10 交流接触器的图形符号

（4）交流接触器的主要技术指标。

额定电压：127V、220V、380V、500V。

额定电流：5A、10A、20A、40A、60A、100A、150A、250A、400A、600A。

吸引线圈额定电压（交流接触器）：36V、110V（127V）、220V、380V。

（5）常用交流接触器的型号及选择原则。

常用的交流接触器有：CJ10、CJ12、CJ20、B、3JB 系列。其中，CJ 为国产系列产品；B 系列为引进德国 BBC 公司技术生产的一种新型接触器；3JB 系列为引进德国西门子公司技术生产的新产品。

在进行选择时除了根据电路中负载电流的种类选择交流接触器的类型，还需要注意交流接触器的额定电压应大于或等于负载回路的额定电压；吸引线圈的额定电压应与所接控制电路的额定电压等级一致；额定电流应大于或等于被控主回路的额定电流。

（6）交流接触器的安装与使用。

交流接触器要垂直安装在开关板上，安装地点应避免剧烈振动，以免造成误动作；交流接触器还可作为失压保护，它的吸引线圈在电压为额定电压的 85%～105%时保证电磁铁的吸合，但当电压降至额定电压的 50%以下时，衔铁吸力不足，自动释放和断开电源，以防电动机过载；有的交流接触器触点嵌有银片，银氧化后不影响导电能力，这类触点表面发黑一般不需清理；带灭弧罩的交流接触器不允许不加灭弧罩使用，以防发生短路事故；陶土灭弧罩质脆易碎，应避免碰撞，若有破裂，应及时更换。

4．热继电器

继电器是具有隔离功能的自动开关器件，当继电器的输入量（如电流、电压、时间或其他物理量）变化到预定值时，使被控量发生预定的突变（如接通或断开），从而起到控制、放大、联锁、保护和调节及传递信息等作用。

热继电器即利用流过继电器的电流所产生的热效应，使得触点发生动作的继电器。其结构和工作原理与接触器基本相同，也由电磁机构和触点系统组成。

（1）作用。

热继电器在电路中起到电动机的过载保护、断相保护、电流不平衡运行保护和其他电气设备发热状态控制的作用。

（2）类型。

热继电器分为双金属片式（利用双金属片受热弯曲去推动杠杆使触点动作）、热敏电阻式（利用电阻值随温度变化而变化的特性制成）、易熔合金式（利用过载电流发热使易熔合金熔化而使继电器动作）。

（3）结构及工作原理。

热继电器由发热元件、补偿双金属片、触点系统等部分组成，如图 6-11 所示。

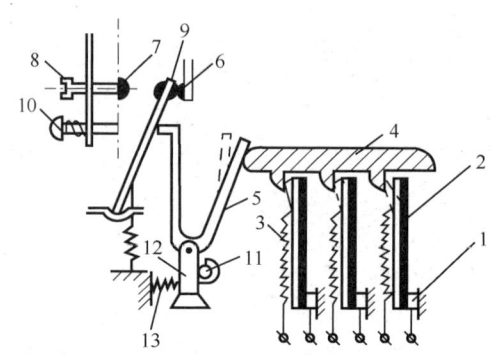

1—接线端子；2—主双金属片；3—发热元件；4—推动导板；5—补偿双金属片；6—常闭触点；
7—常开触点；8—复位调节螺钉；9—动触点；10—复位按钮；11—偏心轮；12—支撑件；13—弹簧。

图 6-11 热继电器结构示意图

热继电器的图形符号如图 6-12 所示。

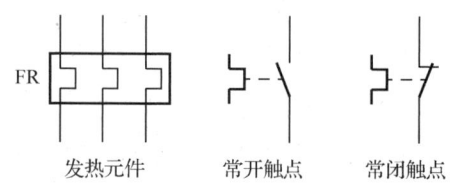

图 6-12 热继电器的图形符号

（4）选择与使用。

热继电器与熔断器在电动机电路中所起的保护作用不同，热继电器做长期过载保护，熔断器做短路保护。

热继电器的额定电流为长期流过发热元件而不致引起热继电器动作的最大电流。整定电流靠凸轮调节，以便与控制的电动机相配合，一般调节范围是发热元件额定电流的 66%～100%，要求继电器发热元件的额定电流≥电动机的额定电流。

常用的热继电器有 JR0、JR10、JR16 和 JR20 等系列。一般情况下选两相结构的热继电器，若电网均衡性较差则可选三相结构的热继电器。对连接的电动机，应选择带断相保护的热继电器。

5. 熔断器

熔断器是一种当电流超过规定值时，通过本身产生的热量使熔体熔断，继而断开电路的电器。熔断器广泛应用于高低压配电系统、控制系统及用电设备中，作为短路和过电流的保护器，是应用最广泛的保护器件之一，具有结构简单、维护方便、价格低、体小量轻等优点。

（1）作用。

熔断器通常串接于被保护电路的首端，用于短路和严重过载保护。

当电路发生短路时，便有较大的短路电流流过熔断器，熔断器中的熔体（熔丝或熔片）发热后自动熔断，切断电路，从而达到保护电路及设备的目的。

（2）分类。

常见的种类包括：瓷插式熔断器、螺旋式熔断器、有填料式熔断器、无填料密封式熔断器、快速熔断器、自恢复熔断器等，其中瓷插式熔断器结构简单、价格低、极限断开电流小，但只能用于低压分支电路或小容量电路的短路保护。

（3）结构和原理。

熔断器主要由熔体和熔座组成，如图6-13所示。熔体是主要部分，一般用电阻率较高、熔点较低的合金材料制成片状或丝状，如铅锡合金丝，也可用截面积很小的铜丝、银丝制成。熔座是熔体的保护外壳，在熔体熔断时兼有灭弧作用。

 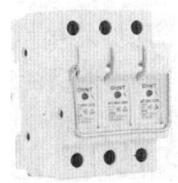 

图6-13 熔断器外形图

熔断器的熔断时间随着电流的增大而减小，即通过熔体的电流越大，熔断时间越短。当电气设备发生轻度过载时，熔断器将持续很长时间才熔断，有时甚至不熔断。

熔断器的图形符号如图6-14所示。

图6-14 熔断器的图形符号

6. 按钮

按钮是一种常用的控制电器，常用来接通或断开控制电路，用作急停、启动、停止、复位控制等。

按钮的结构种类繁多，可分为普通旋钮式、蘑菇头式、自锁式、自复位式、旋柄式、带指示灯式、带灯符号式及钥匙式等。

按钮一般由按键、动作触点、复位弹簧、按钮盒组成，按钮外形及结构示意图、图形符号如图6-15所示。

按钮通常做成复合式，包含一对常闭（动断）触点和常开（动合）触点，当按下按钮时，两对触点同时动作，常闭触点断开，常开触点闭合。部分产品可通过多个元件的串联增加触点对数。还有一种自锁式按钮，按下后触点闭合，手指松开按钮仍然保持按下状态，直到再次按下或者用其他方式打开辅助触点，按钮才会恢复原始状态。

为了标明各个按钮的作用，避免误操作，通常将按钮帽做成不同的颜色，以示区别，其颜色有红、绿、黑、黄、蓝、白色等。例如，可用红色表示停止按钮，绿色表示启动按钮等。

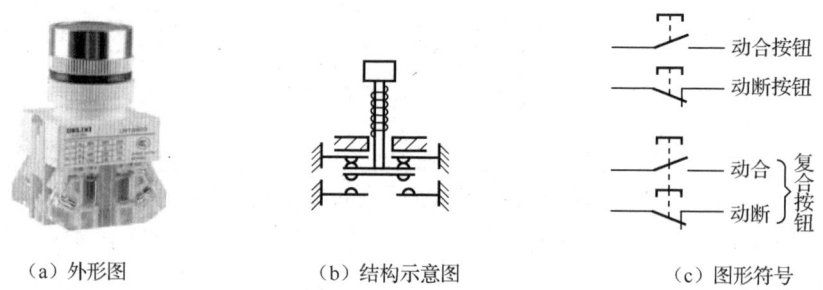

图 6-15 按钮外形及结构示意图、图形符号

6.3.2 三相异步电动机正反转控制电路

1. 基本电气识图

电气控制线路是指通过电气或电子元件连接而成的电路系统，用于实现对电气设备、机械设备或系统进行监控、调节、保护或操作的功能。

电气控制系统图通常包括：电气原理图、电气安装图、框图。

电气原理图是用图形符号和项目代号表示电路各个电气元件连接关系和工作原理的图，一般由主电路、控制电路、保护电路、配电电路、信号电路等几部分组成。

（1）电气原理图绘制原则

① 主电路、控制电路和信号电路应分开绘制。

② 表示出各个电源电路的电压值、极性或频率及相数。

③ 主电路的电源电路一般用水平线绘制，受电的动力装置（电动机）及其保护电器支路用垂直线绘制在图的左侧，控制电路用垂直线绘制在图的右侧。

④ 同一电器的各元件采用同一文字符号标明。

⑤ 所有电气元件的图形符号，均按未接通电源和没有受外力作用时的状态绘制。

⑥ 循环运动的机械设备，在电气原理图上绘出工作循环图。

⑦ 转换开关、行程开关等绘出动作程序及动作位置示意图。

⑧ 由若干元件组成的具有特定功能的环节，用虚线框括起来，并标注出环节的主要作用，如速度调节器、电流继电器等。

⑨ 电路和元件完全相同并重复出现的环节，可以只绘出其中一个环节的完整电路，其余的可用虚线框表示，并标明该环节的文字符号或环节的名称。

⑩ 外购的成套电气装置，其详细电路与参数绘在电气原理图上。

⑪ 电气原理图中的全部电动机、电气元件的型号、文字符号、用途、数量、额定技术参数，均应填写在元器件明细表内。

⑫ 为阅图方便，图中自左向右或自上而下表示操作顺序，并尽可能减少线条和避免线条交叉。

⑬ 将图分成若干图区，上方为该区电路的用途和作用，下方为图区号。在继电器、接触器线圈下方列有触点表以说明线圈和触点的从属关系。

（2）主电路接点表示方法

① 三相交流电源采用 L1、L2、L3 标记。

② 主电路按 U、V、W 顺序标记；分支电路在 U、V、W 后加数字下角标来标记。

③ 控制电路用不多于 3 位的阿拉伯数字编号。

如图 6-16 所示为电气原理图示例，从原理图上方可知该图为主轴及冷却泵电动机控制原理图，下方对应图区号。原理图中电动机采用电压 380V、频率为 50Hz 的三相交流电源进行供电，三相交流电源在图中分别用 L1、L2、L3 进行标记，主电路按 U、V、W 顺序标记；分级电源分别为 U_{11}、V_{11}、W_{11}、U_{21}、V_{21}、W_{21} 等，除此之外，在该图中同一电器的各元件采用同一文字符号进行标明。

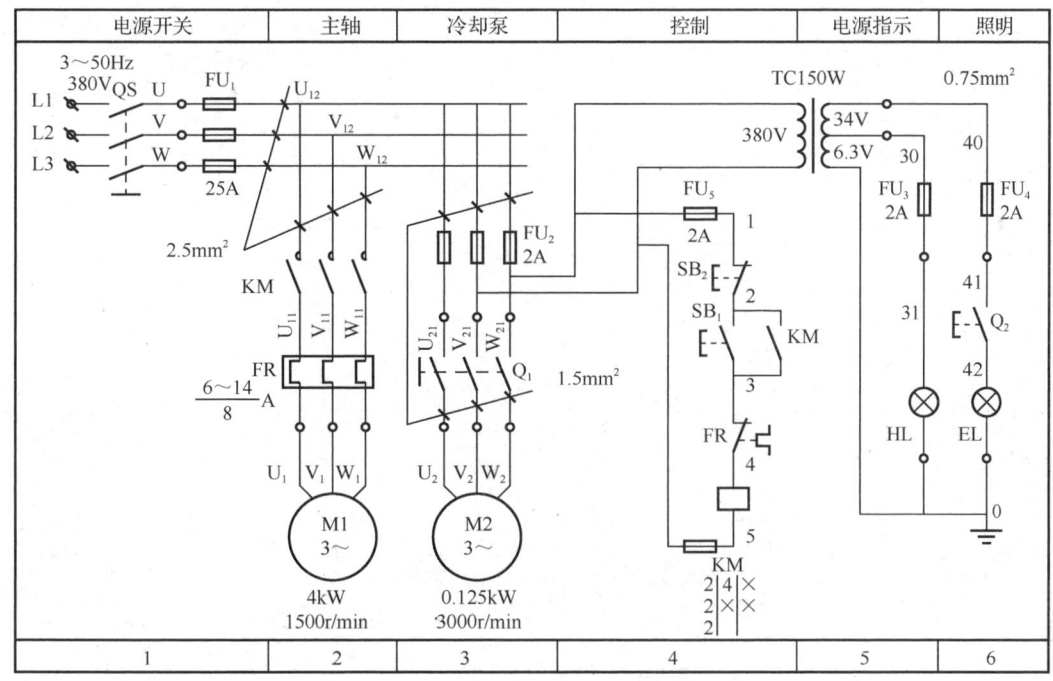

图 6-16 电气原理图示例

2. 电动机正反转控制电路

电动机正反转控制电路在工程及生产中被广泛使用，用于控制电动机进行顺时针转动和逆时针转动。

（1）电动机正反转控制原理。

电动机主要由定子和转子组成，电动机定子中的三相绕组 U_1U_2、V_1V_2、W_1W_2，按空间相差 120°进行布置，其中通入对称三相电流时，产生一对磁极的旋转磁场，磁场的旋转方向与绕组中电流的相序一致（见图 6-17），当电流的相序为 U—V—W—U 时，磁场顺时针旋转。

如果改变流入三相绕组的电流相序（见图 6-18），即绕组中电流的相序为 U—W—V—U，磁场逆时针旋转，就能改变磁场的旋转方向，三相异步电动机的旋转方向也就跟着改变，如图 6-19 所示。

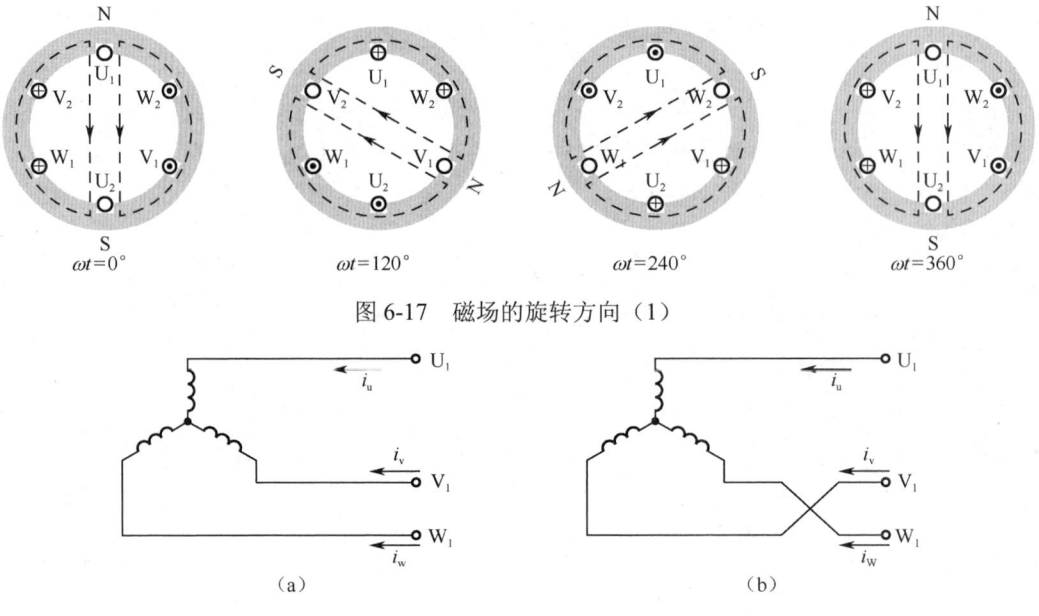

图 6-17 磁场的旋转方向（1）

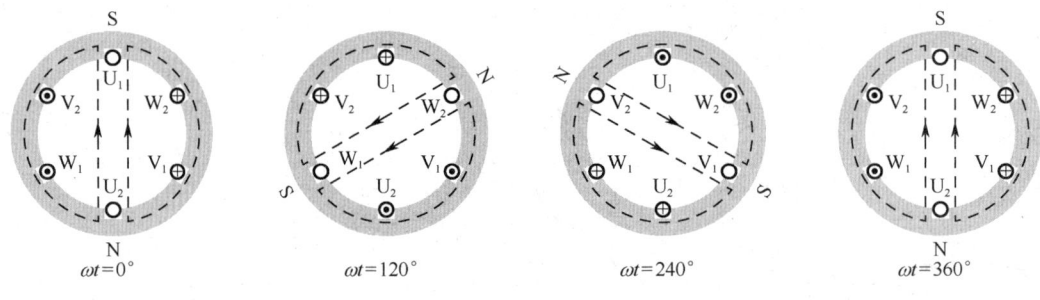

图 6-18 改变流入三相绕组的电流相序

图 6-19 磁场的旋转方向（2）

也就是说，把三相异步电动机的三根线任意调换两根与电源相接，电动机旋转方向变为相反方向。

（2）电动机正反转控制电路。

电动机正反转控制主电路如图 6-20（a）所示。三相交流电源 L1、L2、L3，分别连接电源开关 QS、熔断器 FU_1，经交流接触器 KM_1、KM_2，且串联热继电器 FR 后与电动机 M 连接。KM_1、KM_2 的主触点的通断分别控制电动机正转、反转的启动与停止。熔断器在电路中起到短路保护作用，热继电器起到过载保护作用。

电动机正反转控制电路如图 6-20（b）所示。控制电路由一相电源供电，按钮 SB_1、SB_2、SB_3 分别控制电动机的正转启动、反转启动与停止，熔断器 FU_2 及热继电器 FR 的常闭触点分别起到控制电路的短路保护和电动机过载保护作用。

其工作原理如下：

① 正转启动：按下按钮 SB_1→接触器 KM_1 线圈得电→KM_1 主触点闭合→电动机启动运行。

停止：按下按钮 SB_3→接触器 KM_1 线圈失电→KM_1 主触点断开→电动机失电停止。

② 反转启动：按下按钮 SB_2→接触器 KM_2 线圈得电→KM_2 主触点闭合→电动机启动运行。

停止：按下按钮 SB_3→接触器 KM_1 线圈失电→KM_1 主触点断开→电动机失电停止。

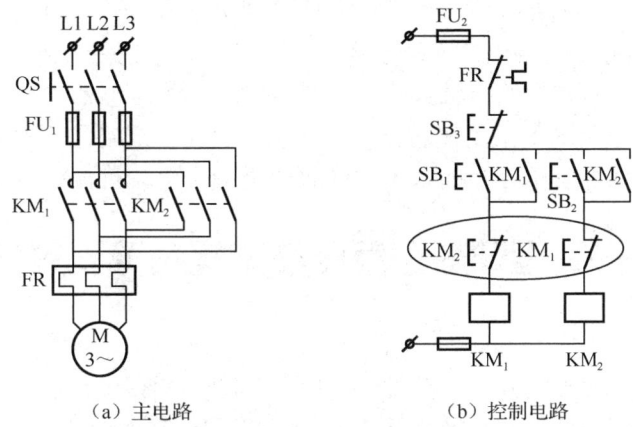

图 6-20　电动机正反转控制电路图

此种控制线路工作安全可靠，但需要注意的是使电动机改变转向时，必须先按下停止按钮，才能按下启动按钮，否则由于接触器的联锁作用，不能实现转动方向的改变。

（3）接触器自锁与联锁控制。

① 接触器自锁控制。

在对电动机的控制中，为实现按下启动按钮后电动机运行，且即使松开按钮后电动机也能连续运行，通常采用接触器自锁控制，如图 6-21 所示，从主电路中可以看出，闭合电源开关 QS，当接触器 KM 的主触点闭合时，电动机 M 启动，而接触器 KM 的主触点的启闭由接触器线圈是否得电来控制；按下按钮 SB_2，KM 线圈得电，KM 主触点闭合，电动机启动，同时并联在 SB_2 常开触点两端的接触器 KM 的常开触点闭合，此时即使松开 SB_2，由于接触器 KM 的常开触点闭合，控制电路仍然能形成回路，KM 线圈持续得电，直到按下停止按钮 SB_1，控制电路断开，线圈失电，接触器 KM 主触点断开，电动机停止。

通过在 SB_2 常开触点两端并联接触器 KM 的常开触点，实现接触器线圈连续得电的方式，即为接触器自锁控制。

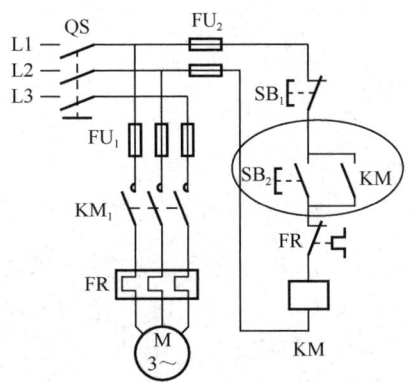

图 6-21　接触器自锁控制

② 接触器联锁控制。

在图 6-20（b）中，分别在电动机正转与反转控制电路中串联控制反转接触器 KM_2 的一个常闭触点与控制正转接触器 KM_1 的一个常闭触点，当 KM_1 的线圈得电时，KM_1 的常闭触点断开，因此即使按下按钮 SB_2，接触器 KM_2 的线圈也不会得电。同理，当 KM_2 的线圈得电时，接触器 KM_1 的线圈不会得电，这种连接方式可有效地避免两个继电器线圈同时得电，使得主触点闭合造成电源两相短路，因此这种连接方式形成了接触器联锁控制。

电动机的正反转控制除了采用接触器联锁控制，也可以通过按钮联锁，以及接触器、按钮双重联锁控制以达到更安全可靠的效果，同时便于操作电动机控制电路。

6.4 项目实践——电动机正反转控制电路的安装与调试

1. 目标

（1）能熟练地应用三相电源、三相负载的知识，对三相异步电动机及电源进行正确接线。
（2）熟悉常用控制电器的功能及接线方法，能够正确选用与使用。
（3）能够绘制电动机正反转控制电路，并正确连线。
（4）能准确完成三相异步电动机电路的接线与调试。

2. 设备

剥线钳、万用表、导线、1 个 0～450V 可调的三相交流电源、1 块 0～500V 可调的三相空气开关、2 个交流接触器、1 个熔断器、1 个热继电器、1 台三相异步电动机。

3. 内容与步骤

（1）对照图 6-22（a）进行主电路接线。
（2）对照图 6-22（b）进行控制电路接线。

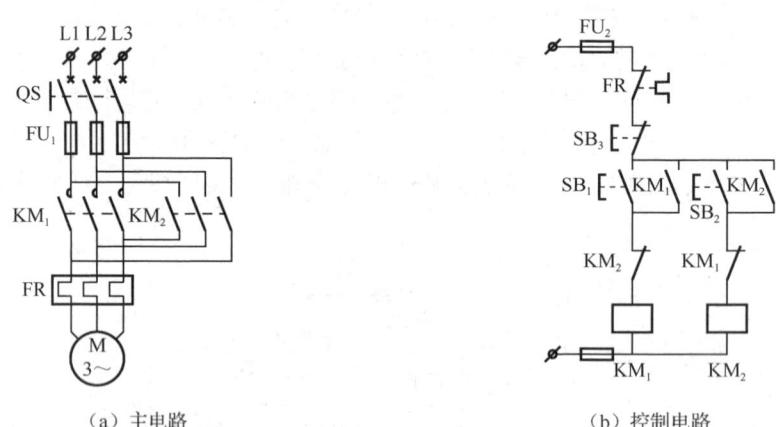

图 6-22 电动机正反转控制电路图

（3）接线完成并进行线路检查后，接通三相交流电源，闭合电源开关 QS，按下正转启动按钮 SB_1，观察电动机是否正转，按下停止按钮 SB_3，电动机停止；同理，按下反转启动按钮 SB_2，观察电动机是否反转，按下停止按钮 SB_3，电动机停止。

（4）如若不能正常运行，断开电源开关，切断三相交流电源后，对控制电路进行调试检查。

6.5 项目评价

项目工单

姓名		班级		成绩		工位	
项目要求	(1) 常用低压电器的工作原理。 (2) 电动机控制电气原理图画法与电气识图方法。 (3) 三相异步电动机的基本控制电路原理。 (4) 电动机正反转控制电路的安装与调试。 (5) 电动机正反转控制电路的故障排除。						

任务完成结果（故障分析、存在问题等）	注意事项
项目实施步骤： 结论与分析： 收获：	

评阅教师：		评阅日期：	

考核细则

从学生学习行为和效果两个维度展开评价，并为服务社会、技能大赛和考取证书单列分值。根据职业资格标准、学习过程、实际操作情况、学习态度等多方面进行考核，可分为自我评价、组内互评、教师评价和企业导师评价。

得分说明：自我评价占总分的30%，组内互评占总分的30%，教师评价占总分的20%，企业导师评价占总分的20%。

基本素养（20分）					
序号	考核内容	分值	自我评价	组内互评	教师评价	小计
1	考勤、课堂互动、讨论、头脑风暴参与度、小组团队合作	10				
2	安全文明规范操作规程	5				
3	实训室6S管理（整理、整顿、清扫、清洁、素养、安全）	5				

理论知识（30分）					
序号	考核内容	分值	自我评价	组内互评	教师评价	小计
1	常用低压电器的工作原理	5				
2	电动机控制电气原理图画法与电气识图方法	5				
3	三相异步电动机的基本控制电路原理	10				
4	电动机正反转控制电路的安装与调试	10				

续表

技能操作（50分）					
序号	考核内容	分值	自我评价	组内互评	企业导师评价	小计
1	电动机正反转控制电路的安装与调试	20				
2	电动机正反转控制电路的故障排除	30				
	总分					

6.6 项目总结

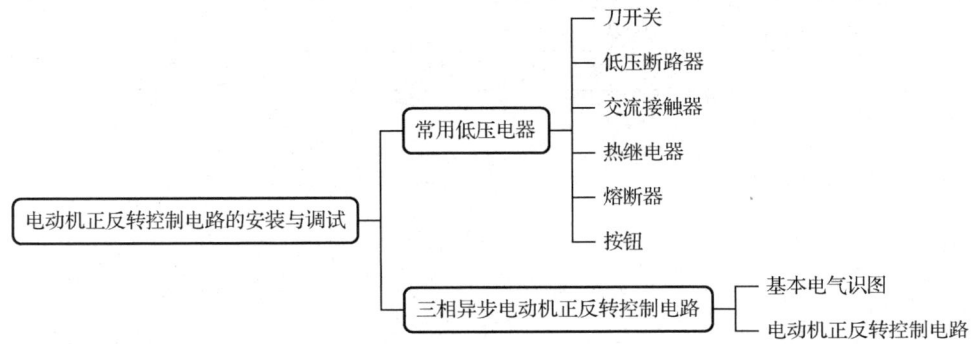

6.7 项目拓展

请规范安装一个如图 6-23 所示的按钮联锁电动机正反转控制电路。功能要求：按下 SB_2，能启动电动机正转并连续运行；按下 SB_3，能启动电动机反转并连续运行；按下 SB_1，能实现对电动机停止控制；正反转启动控制之间能实现直接切换。

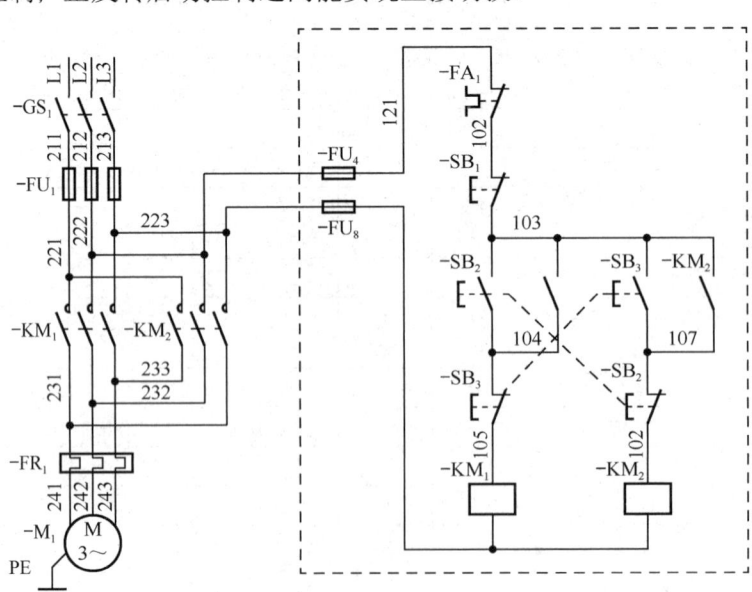

习题

图 6-23 按钮联锁电动机正反转控制电路

项目七　电动机正反转 PLC 控制电路的安装与调试

7.1 项目引入

PLC 的发展对我国制造业智能化升级意义重大，PLC 可精准控制电动机启停、转向及调速，大幅提升生产设备自动化水平与响应效率。在流水线、机床等场景中，国产 PLC 的普及降低了设备的改造成本，增强了系统稳定性与可维护性，助力了制造业提质增效。

7.2 项目目标与重难点

 知识目标

（1）了解 PLC 的发展史。
（2）掌握 PLC 的结构和工作原理。
（3）掌握变频器控制电动机启动的工作原理。
（4）掌握电动机正反转 PLC 控制的工作原理。
（5）掌握简单 PLC 编程及下载、调试。

技能目标

（1）会使用 PLC 控制电动机正反转。
（2）会排除电动机正反转 PLC 控制电路的故障。
（3）掌握电动机正反转 PLC 控制的互锁逻辑及保护机制。
（4）会使用 PLC 编程及下载、调试。
（5）会使用 PLC 通过变频器控制电动机正反转。

素质目标

（1）培养学生严谨求实、精益求精的工匠精神。
（2）提高学生知识迁移的能力。

学习重点

（1）电动机正反转 PLC 控制电路工作原理。
（2）电动机正反转 PLC 控制电路安装与调试。
（3）变频器控制电动机运行的工作原理。

 学习难点

电动机正反转 PLC 控制电路安装、调试、排故，变频器参数调优。

7.3 知识链接

7.3.1 PLC 简介

思考题

随着计算机控制技术、通信技术的发展，PLC 逐渐向模块化、智能化、通信网络化及高性能化等方向发展，其在工业自动化控制领域扮演着越来越重要的角色，并广泛应用于电力拖动中。PLC 在对电力拖动线路的开关量、模拟量、过程控制及运行数据的处理中的优异表现，使得其应用范围逐渐扩大。

1. PLC 发展与应用

可编程控制器（PLC）是具有微处理器、用于自动化控制的数字运算控制器。PLC 是在继电接触器控制系统的基础上融合了计算机控制技术、通信技术及自动化技术等发展而来的。由于早期的 PLC 只有逻辑控制功能，所以命名为可编程逻辑控制器（Programmable Logic Controller，PLC）；后来随着技术的不断发展，PLC 具备了包括逻辑控制、时序控制、模拟控制、多机通信等在内的多种功能，名称也改为可编程控制器（Programmable Controller），但是由于 Programmable Controller 的简写 PC 与个人电脑（Personal Computer）的简写相冲突以及受使用习惯的影响，可编程控制器依旧保持 PLC 这一简称。

随着大规模集成电路技术的发展，PLC 不仅在控制功能上逐步增强，同时功耗和体积减小，成本下降，可靠性提高，编程和故障检测更为灵活方便，而且随着分布式远程 I/O、通信网络、数据处理及图像显示技术的发展，PLC 向着连续生产过程控制的方向发展，成为实现工业生产自动化的一大支柱。

目前，市场上常见的 PLC 品牌有德国的西门子，日本的三菱、欧姆龙、松下、富士等，韩国的三星、LG 等，这些品牌占据了市场上较大的份额；国内主要的 PLC 品牌有汇川、台达、信捷、禾川、正航、和利时等。

PLC 广泛应用于石油、化工、电力、建材、交通运输及文化娱乐等各个领域，其主要功能体现在开关量控制、模拟量控制、运动控制、过程控制、数据处理、通信及联网等方面。

2. 西门子 S7-200 SMART 系列 PLC 介绍

（1）PLC 外形结构及端子分布。

以西门子 S7-200 SMART ST40 PLC 为例，其外观及各部分名称如图 7-1 所示，包括 PLC 本体模块、I/O 接口、通信接口、扩展接口等，接线端子分布图如图 7-2 所示。

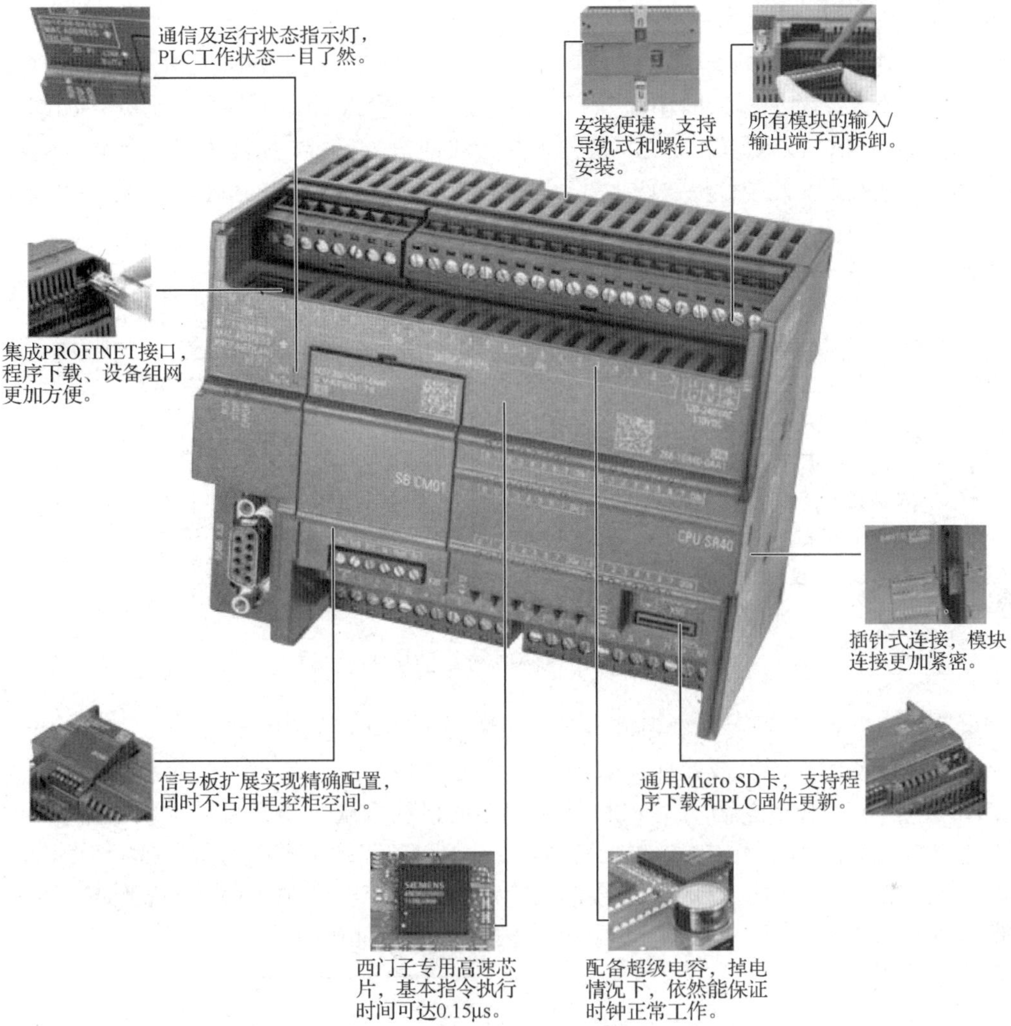

项目七 电动机正反转 PLC 控制电路的安装与调试

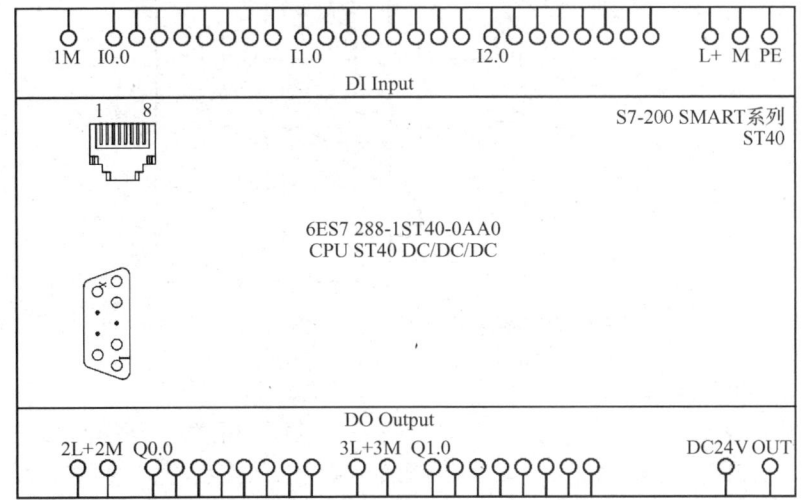

图 7-1 PLC 外观及各部分名称

图 7-2 接线端子分布图

（2）输入/输出端子的接线方式。

PLC 输入电路采用光耦隔离方式，可以有效提高抗干扰能力。输入电路的接线方式有源型输入和漏型输入，漏型输入时电流从端口流出，源型输入时电流从端口流入。如图 7-3 所示为 AC 电源型 PLC 在源型输入及漏型输入时的接线方式；3 线制传感器（无电压触点输入）为 NPN 集电极型晶体管进行接线时，采用漏型输入接线方式；为 PNP 集电极型晶体管进行接线时，采用源型输入接线方式。

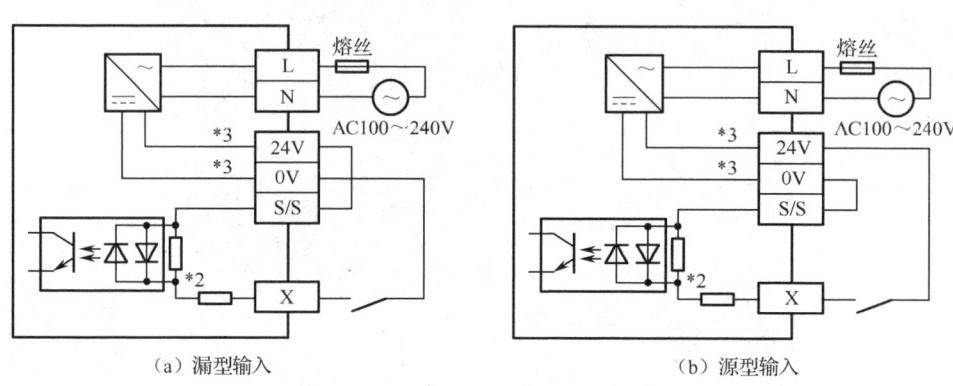

图 7-3 AC 电源型 PLC 的接线方式

继电器输出型 PLC 采用有触点输出方式，适用于低速、大功率的负载。每组输出之间是相互独立的，可使用直流负载或交流负载进行输出。

如图 7-4 所示为继电器输出型 PLC 输出电路的接线方式，当为直流负载输出时，由直流电源进行供电，其接线方式如 Y0 端子所示，公共端 COM0 接直流电源负极；当为交流负载输出时，Y1 端子及公共端 COM1 连接的为交流负载及交流电源。在进行硬件接线时，可根据实际负载使用情况选择合适的输出端子及公共端，进行相应的接线。

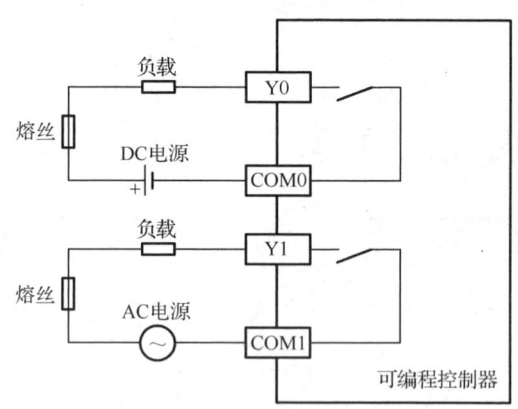

图 7-4 继电器输出型 PLC 输出电路的接线方式

（3）PLC 编程语言。

PLC 最常用的编程语言有梯形图、指令语句表、顺序功能图（状态转移图）。用梯形图、指令语句表编程需要掌握相关的符号表示方法及基本指令功能，其中触点、线圈的表示方法如图 7-5 所示。

项目七 电动机正反转 PLC 控制电路的安装与调试

名称	梯形图中的图形符号	名称	梯形图中的图形符号
常开触点	─┤ ├─	线圈	─◯─ （　）
常闭触点	─┤/├─	功能指令	□□□ [ ]

图 7-5 触点、线圈的表示方法

PLC 工作原理示意图如图 7-6 所示，PLC 内部的输入继电器与输入端子相连，接收外部输入的信号（该信号由开关量或传感器等输入），由外部信号驱动，而不能用程序驱动，因此在梯形图中也没有输入继电器线圈。PLC 会将外部输入信号的状态读入并存储到映像寄存器中。

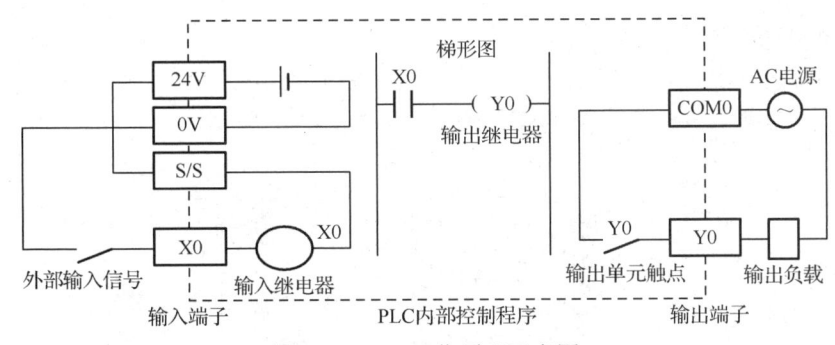

图 7-6 PLC 工作原理示意图

7.3.2 变频器简介

思考题

变频器是应用变频技术与微电子技术，通过改变电动机工作电源频率来控制交流电动机的电力控制设备。

变频器如图 7-7 所示。变频器靠内部 IGBT 的开断来调整输出电源的电压和频率，根据电动机的实际需要来提供其所需要的电源电压，进而达到节能、调速的目的。另外，变频器还有很多的保护功能，如过流、过压、过载保护等。随着工业自动化程度的不断提高，变频器也得到了非常广泛的应用。

图 7-7 变频器

1. 变频器的发展历程

变频器的发展经历了从早期的简单控制到智能化、网络化控制的升级换代，其控制效果、功耗、效率等得到全面的提升，极大地促进了工业生产的发展。

20 世纪 60 年代以后，电力电子器件普遍应用了晶闸管及其升级产品，但其调速性能远远无法满足需要。1968 年，以丹佛斯公司为代表的高技术企业开始批量生产变频器，开启了变频器工业化的发展进程。

21 世纪以来，随着信息科技、通信技术的发展，变频器技术进入一个新的发展阶段，实现了更高的控制精度、更低的能耗和更便捷的操作方式，在各个工业领域都得到了广泛应用。

2. 变频器的结构

变频器主要由整流模块、逆变模块、通信接口模块等组成，同时整合加入检测运算、保护电路等功能，从而组成一个完整的变频器单元，如图 7-8 所示。

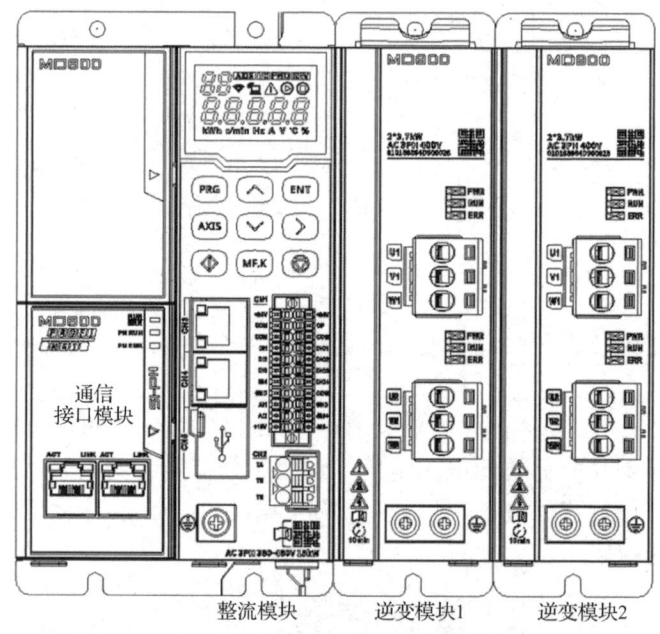

图 7-8 变频器组成示意图

其中，整流模块主要功能是将输入变频器的工频交流电变换为直流电；逆变模块的功能与整流模块相反，是将直流功率变换为所要求频率的交流功率来控制电动机的运行；通信接口模块主要为变频器实现各种现场总线网络提供通信接口。

3. 变频器的分类

（1）根据输入电压等级分类。

变频器根据输入电压等级可以分为低压变频器和高压变频器两类。国内较为常见的低压变频器有单相 220V 变频器、三相 220V 变频器、i 相 380V 变频器。高压变频器有 6kV 变频器、10kV 变频器。

（2）根据变换频率的方法分类。

变频器根据变换频率的方法可以分为交-交型变频器和交-直-交型变频器两类。交-交型变频器也称为直接式变频器，其可将工频交流电直接转换成频率、电压均可以控制的交流电；交-直-交型变频器也称为间接型变频器，工作原理为先将工频交流电通过整流装置转换成直流电，再将直流电转换成频率、电压均可以调节的交流电。

（3）根据直流电源的性质分类。

交-直-交型变频器根据主电路电源变换成直流电源的过程中直流电源的性质，可以分为电压型变频器和电流型变频器。

4. 变频器的发展方向

电力电子器件的基片从 Si（硅）升级为 SiC（碳化硅）后，电力电子器件具备了耐高压、低功耗、耐高温的优点，体积小、容量大的驱动装置已经制造成功，永久磁铁电动机正在研发中。随着 IT 技术的迅速普及，变频器技术发展非常迅速，未来主要发展方向如下。

（1）网络智能化。

智能化的变频器不必进行很多参数设定即可使用，机器本身也具备相应的故障自诊断功能，具有高稳定性、高可靠性及实用性。

（2）专向化和一体化。

变频器的制造专向化使得变频器在某一领域的性能更强，如起重机械专用变频器、电梯专用变频器、风机和水泵专用变频器、张力控制专用变频器等。另外变频器有和电动机一体化的趋势，使变频器成为电动机的一部分，可以使体积更小，控制更方便。

（3）高性能化。

变频器的性能将随着矢量控制、转矩控制等理论的发展和高速数字信号处理器的应用而越来越完善。无速度传感器矢量控制技术发展日渐成熟，使变频系统体积更小，摆脱了对硬件检测电动机转速的束缚。

（4）数字化程度提高。

随着计算机技术的进步，变频控制系统将实现信息系统和交流调速系统的紧密结合，提高系统的整体性能。另外，随着交流电动机控制理论的发展，相关的控制策略和控制算法也越来越复杂，需要更多计算和存储空间。

（5）节能环保无公害。

目前国家制定了限制谐波的有关规定和标准，而变频器的电磁兼容、谐波抑制、电动机噪声抑制等技术持续受到关注，环保问题不容忽视，因此寻找解决变频器的噪声和电磁污染的方法是目前的重要研究课题之一。

（6）适应新能源。

以太阳能和风力为能源的燃料电池价格低，发电设备容量小且分散，变频器为适应新能源的变化，需要同时兼顾高效与低功耗。变频调速传动技术的进步集中体现在交流调速装置的大容量化、变频器的高性能化和多功能化、结构的小型化等方面。

7.3.3 三相异步电动机正反转 PLC 控制电路

1. 电动机铭牌数据

电动机铭牌可以向使用者简要说明电动机的一些额定数据和使用方法，如图 7-9 所示为某电动机铭牌数据。

思考题

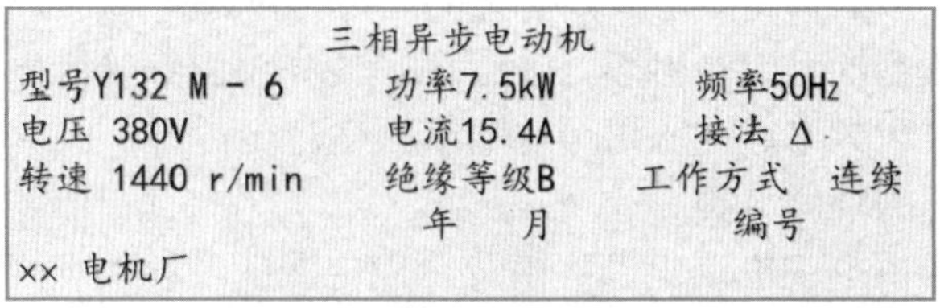

```
           三相异步电动机
  型号Y132 M-6    功率7.5kW     频率50Hz
  电压 380V      电流15.4A     接法 △
  转速 1440 r/min  绝缘等级B    工作方式 连续
                  年   月      编号
  ×× 电机厂
```

图 7-9　某电动机铭牌数据

（1）型号。

图中电动机型号 Y132M-6 含义为：Y—三相异步电动机；132—机座中心高 132mm；M—机座长度代号（其中，S 表示短机座，M 表示中机座，L 表示长机座）；6—磁极数。

（2）功率。

功率 P_N 是指额定运行时，轴上输出的机械功率。

（3）电压。

电压 U_N 是指额定运行时，定子绕组上应加的线电压。Y 系列电动机的额定电压都是 380V，一般规定电动机的运行电压不能高于或低于额定电压的 5%。

（4）电流。

电流 I_N 是指在 U_N、P_N 下，流入定子绕组的线电流。

（5）转速。

转速 n_N 是指在 U_N、P_N、I_N 下，电动机转子的转速。

（6）接法。

电动机三相定子绕组的接线方法，通常采用 Y 或 △ 接法。

（7）频率。

我国电网频率 f_N 为 50Hz。

（8）绝缘等级。

电动机常用绝缘材料分为五个等级，具体见表 7-1。

表 7-1　绝缘材料的五个等级

	A	B	C	D	E
最高允许温度/℃	105	120	130	155	180

（9）工作方式。

工作方式有连续工作、短时工作、断续周期工作。

铭牌上技术参数外的其他参数，如功率因数、效率等，可从电动机使用手册中查得。

2. 电动机正反转 PLC 控制电路

电动机正反转 PLC 控制电路如图 7-10 所示，电路图左侧为电动机正反转控制主电路，右侧为 PLC 控制硬件接线图。

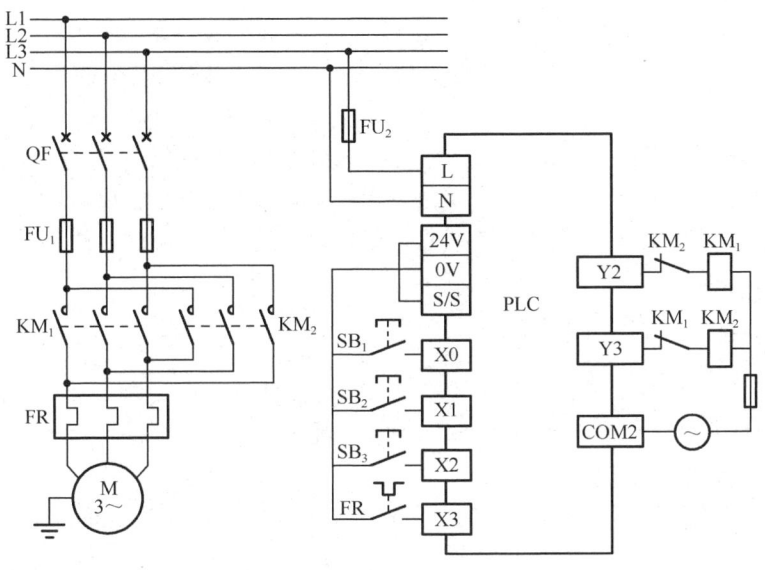

图 7-10 电动机正反转 PLC 控制电路

（1）硬件接线图。

硬件接线图是 PLC 控制系统设计和装调时最关键的技术资料之一，该图不仅反映了输入/输出元件与 PLC 输入/输出地址之间的对应关系，而且反映各个输出元件电源的连接方式，还是设计 PLC 控制程序时选用输入/输出寄存器的重要依据。

注意：绘制硬件接线图时，输入/输出元件与 PLC 的连接必须与 I/O 分配表的地址相对应。

（2）输入/输出端口地址分配。

在电动机正反转 PLC 控制线路中，输入元件为按钮 SB_1、SB_2、SB_3 及 FR，输出元件为交流接触器 KM_1、KM_2 的线圈，输入信号有 4 个，分配地址分别为 I0.0、I0.1、I0.2、I0.3；输出信号有 2 个，分配地址分别为 Q0.2、Q0.3，如表 7-2 所示。

表 7-2 输入/输出（I/O）端口地址分配表

输入			输出		
设备名称	代号	输入点编号	设备名称	代号	输出点编号
正转启动按钮（常开触点）	SB_1	I0.0	接触器（正转）	KM_1	Q0.2
停止按钮（常开触点）	SB_2	I0.1	接触器（反转）	KM_2	Q0.3
反转启动按钮（常开触点）	SB_3	I0.2			
热过载继电器（常开触点）	FR	I0.3			

其工作过程为：按下正转启动按钮 SB_1，接触器 KM_1 线圈得电，主触点闭合，电动机正转，按下停止按钮 SB_2，电动机停止；按下反转启动按钮 SB_3，接触器 KM_2 线圈得电，主触点闭合，电动机正转，按下停止按钮 SB_2，电动机停止；当电动机过载时，热过载继电器常开触点 FR 闭合，电动机停止。

3. 电动机正反转 PLC 控制程序

电动机正反转 PLC 控制梯形图如图 7-11 所示，该程序的功能是控制电动机实现正反转运行。

考虑到两个接触器 KM_1、KM_2 不能同时输出的问题，需要在各自的逻辑行中增加具有电气互锁的常闭触点 Q0.2、Q0.3。同时，为了方便操作，避免进行正反转切换时必须先停止的问题，在各自的逻辑行中增加了具有机械互锁的常闭触点 I0.0、I0.2，最终完成了本任务的梯形图设计。

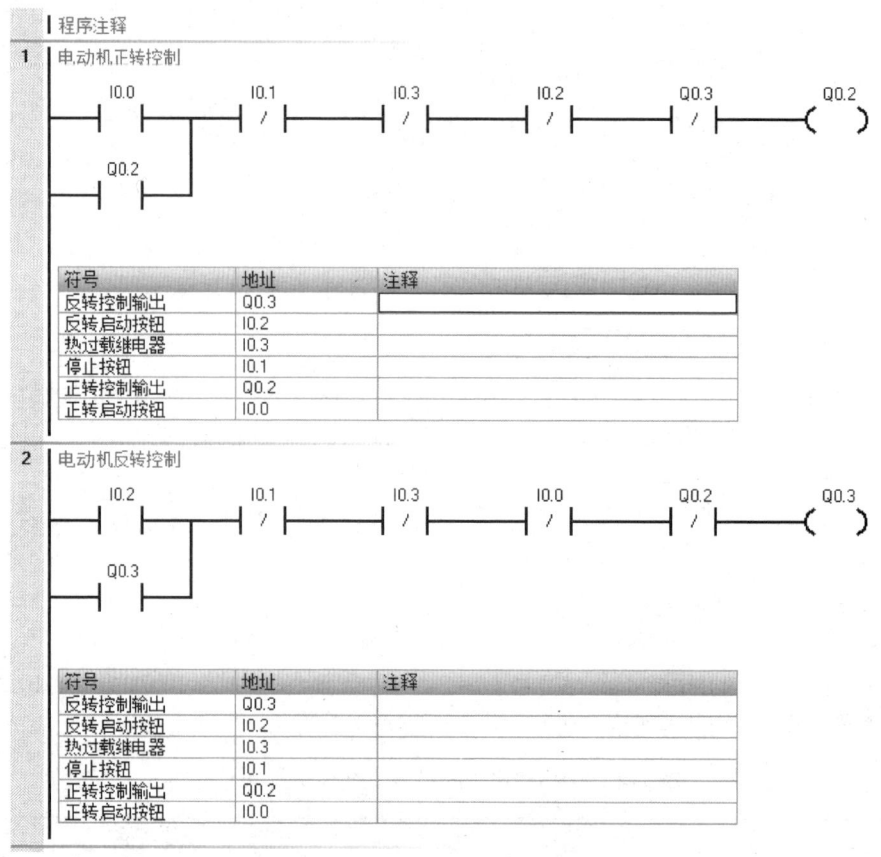

图 7-11　电动机正反转 PLC 控制梯形图

4. PLC 通过变频器正反向驱动电动机控制程序

（1）硬件接线图。

变频器控制硬件接线与接触器控制硬件接线类似，只是将与电动机端的接线由接触器出线端更换为变频器输出端。由于变频器本身就具备正反向驱动，所以电动机端就不需要像接触器那样接两组线，只需电动机端 U、V、W 与变频器端 U、V、W ——对应连接即可，如图 7-12 所示。

（2）控制程序。

如图 7-13 所示为变频器正反向驱动电动机 PLC 控制梯形图，该程序的功能是控制变频器驱动电动机实现正反转运行。

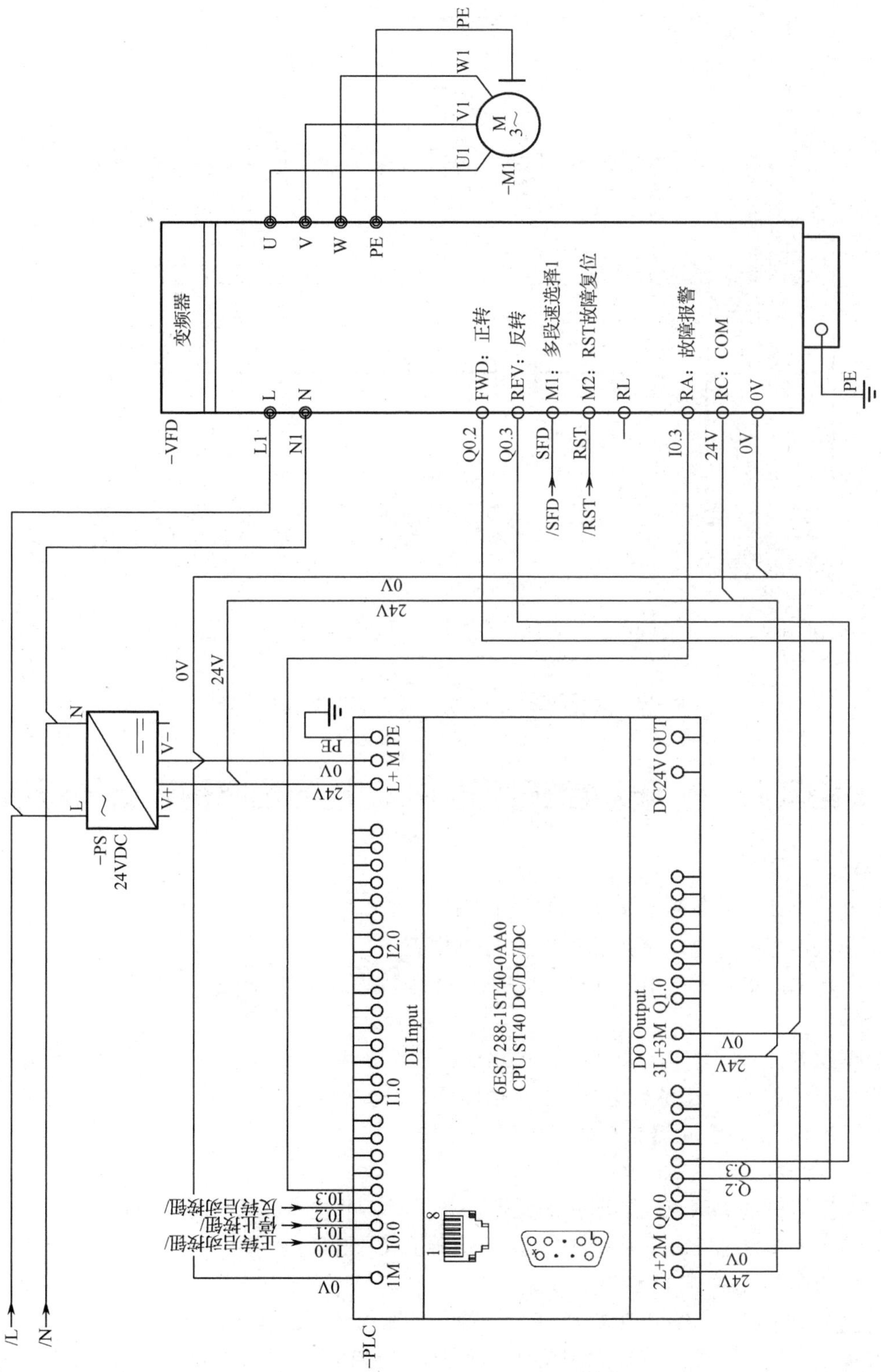

项目七 电动机正反转 PLC 控制电路的安装与调试

图 7-12 变频器正反向驱动电动机 PLC 控制硬件接线图

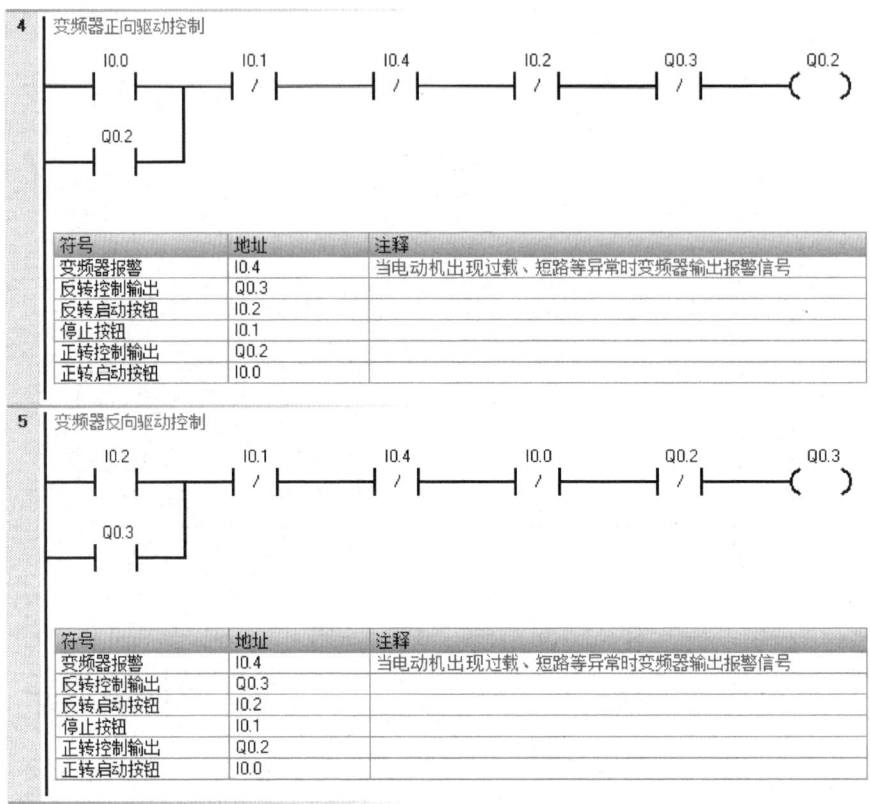

图 7-13　变频器正反向驱动电动机 PLC 控制梯形图

7.4　项目实践——电动机正反转 PLC 控制电路的安装与调试

1. 目标

（1）巩固电动机正反转 PLC 控制的工作原理。

（2）会连接与调试电动机正反转 PLC 控制电路。

（3）会对电动机正反转 PLC 控制电路进行故障排除。

2. 设备

十字螺丝刀、一字电笔、剥线钳、接线板、若干导线、万用表、1 个可调三相交流电源、1 块三相空气开关、2 个交流接触器、1 个熔断器、1 个热继电器、1 台三相异步电动机、3 个按钮、1 台 PLC、1 台变频器。

3. 内容与步骤

（1）根据器材清单清点实验所需的元器件和工具，并检查元器件是否有故障。

（2）按照图 7-10 搭接三相异步电动机正反转 PLC 控制主电路。

（3）按照图 7-10 搭接 PLC 控制线路。

（4）分配 I/O 点数，绘制 PLC 控制系统输入、输出端子接线图。

（5）接线完毕，对照电气原理图及 PLC 硬件接线图检查，将测试结果填入表 7-3 中。

（6）电路检测与调试。使用万用表二极管挡，在断电的情况下分别对输入信号、输出信号进行电路通断变化情况检测，再进行整体、系统调试。

（7）确认无误之后，经指导老师检查后，下载 PLC 控制程序；接通电源，合上断路器，按下正、反转启动按钮，观察电动机运行情况。松开按钮，观察电动机的运行情况。

（8）断开断路器，观察整个电路情况。

注意：若线路不能正常工作，则应先切断电源，排除故障后才能重新通电。

表 7-3 测试结果

测试内容	按钮 I0.0	按钮 I0.1	按钮 I0.2	按钮 I0.3	Q0.2	Q0.3
接线是否正常						

7.5 项目评价

项目工单

姓名		班级		成绩		工位	
项目要求	（1）常用 PLC 工作原理。 （2）变频器结构与工作原理。 （3）电动机正反转 PLC 控制工作原理。 （4）电动机正反转 PLC 控制电路的安装与调试。 （5）电动机正反转 PLC 控制电路的故障排除。							
任务完成结果（故障分析、存在问题等）							注意事项	
项目实施步骤： 结论与分析： 收获：							
评阅教师：					评阅日期：		
考核细则							
从学生学习行为和效果两个维度展开评价，并为服务社会、技能大赛和考取证书单列分值。根据职业资格标准、学习过程、实际操作情况、学习态度等多方面进行考核，可分为自我评价、组内互评、教师评价和企业导师评价。 得分说明：自我评价占总分的 30%，组内互评占总分的 30%，教师评价占总分的 20%，企业导师评价占总分的 20%。							

续表

基本素养（20 分）						
序号	考核内容	分值	自我评价	组内互评	教师评价	小计
1	考勤、课堂互动、讨论、头脑风暴参与度、小组团队合作	10				
2	安全文明规范操作规程	5				
3	实训室 6S 管理（整理、整顿、清扫、清洁、素养、安全）	5				
理论知识（30 分）						
序号	考核内容	分值	自我评价	组内互评	教师评价	小计
1	常用 PLC 工作原理	5				
2	变频器结构与工作原理	5				
3	电动机正反转 PLC 控制工作原理	5				
4	电动机正反转 PLC 控制电路的安装方法	5				
5	电动机正反转 PLC 控制电路的调试与故障排除	10				
技能操作（50 分）						
序号	考核内容	分值	自我评价	组内互评	企业导师评价	小计
1	电动机正反转 PLC 控制电路的安装与调试	20				
2	电动机正反转 PLC 控制电路的故障排除	30				
总分						

7.6 项目总结

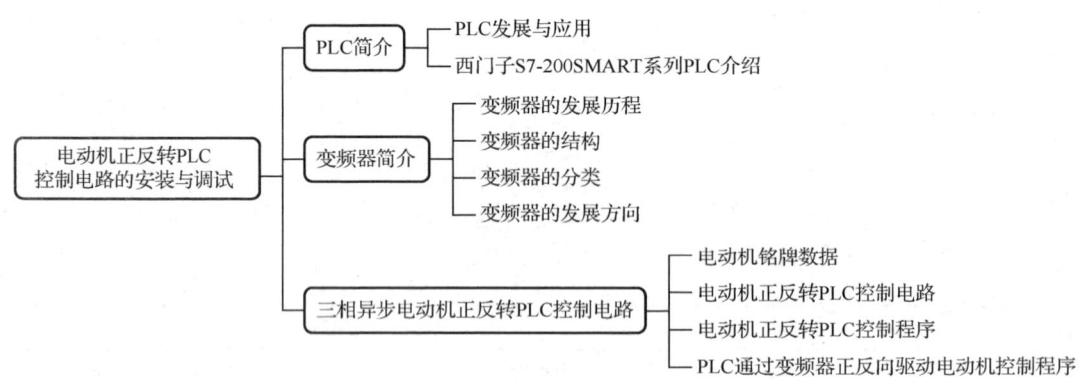

7.7 项目拓展

请规范搭接小车自动往返循环运行控制电路，功能要求如下：

按下正向启动按钮 SB_1，小车正向运行到 SQ_1 后自动反向运行，到 SQ_2 后又自动反向运行，如此周而复始；按下反向启动按钮 SB_2，同理运行。若按下停止按钮 SB_3 则小车停止运行。

小车自动往返循环运行示意图如图 7-14 所示，小车自动往返循环运行控制电路原理图如图 7-15 所示。

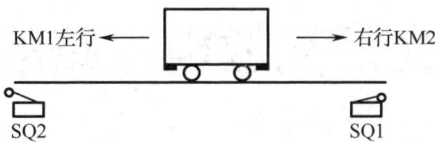

图 7-14　小车自动往返循环运行示意图

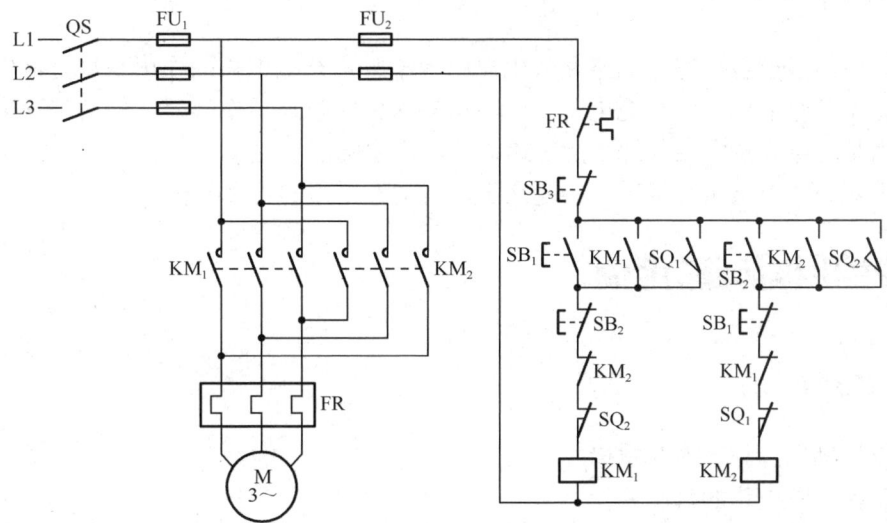

图 7-15　小车自动往返循环运行控制电路原理图

习题

项目八　闪光灯充放电电路的安装与调试

8.1　项目引入

闪光灯电路主要包括充电电路和放电电路两部分。充电电路的作用是将直流电源的电能转化为电容器储存的能量,在充电过程中,电源将电能传递给电容器,使其储存电能;放电电路的作用是将电容器中储存的电能迅速释放,产生强烈的亮光。

以闪光灯充放电电路为基础,一起来学习对动态电路的暂态分析吧。

8.2　项目目标与重难点

(1) 掌握动态过程和换路定律。
(2) 掌握一阶电路的暂态分析。
(3) 掌握 RC 电路和 RL 电路的暂态分析。

(1) 会使用示波器观察 RC、RL 电路的充放电过程。
(2) 会安装、调试和排除闪光灯充放电电路的故障。

(1) 培养开拓进取的创新精神。
(2) 提高运用知识解决实际问题的能力。

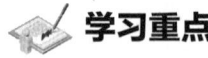

三要素法,RC 电路、RL 电路的暂态分析。

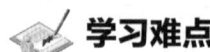

闪光灯充放电电路的安装、调试与排故。

8.3 知识链接

8.3.1 动态电路的基本知识

思考题

1. 动态电路

自然界中各种事物的运动都存在稳定状态和过渡状态，比如将水从室温的稳定状态加热到沸腾的稳定状态、汽车从停止状态到匀速行驶状态。基于能量不能发生跃变的原理，物质从一种稳定状态过渡到另一种稳定状态不能瞬间发生，而是需要一个过渡的过程，这个从一种稳定状态转变到另一种稳定状态的中间过程就是过渡过程，如图 8-1 所示，在这个过程中，电压、电流的变动时间短暂，称为暂态或动态。

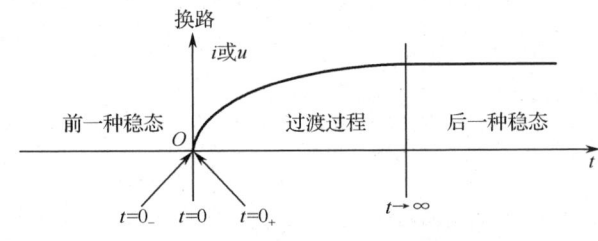

图 8-1 动态电路状态变换图

如图 8-2 所示，闭合开关 S，灯泡 L_1 立刻被点亮，L_2 渐渐变亮然后达到稳定状态，L_3 骤然闪亮之后逐渐变暗直到熄灭，很显然 L_1 所在支路并未经过渡状态，L_2、L_3 所在支路经历了过渡状态，原因是 L_2、L_3 所在支路都有储能元件。

分析含有电容或电感的电路时会涉及用微分方程来描述电路，这类含有电容或电感的电路就称为动态电路。

只含有一个储能元件或者能用串并联方法搭建只含有一个储能元件的线性动态电路，其暂态过程可用一阶线性微分方程来描述，称为一阶电路。

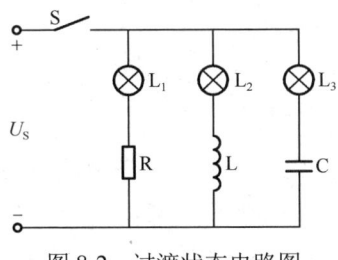

图 8-2 过渡状态电路图

2. 换路定律

介绍换路定律之前先解析 6 个专有名词，分别如下。

① 状态变量：描述物体所处状态的变化量，比如电容元件的电压 u_C 和电感元件的电流 i_L。

② 换路：电路中开关的通断、元件参数的改变、接线的变化、电源的突然变化等都会使电路发生改变。

③ 零输入响应：换路前动态元件中已经储存有原始能量，换路时无外部输入激励，仅靠动态元件中原有能量作用引起的电路响应。

④ 零状态响应：动态元件中没有原始能量，仅靠外部输入激励引起的电路响应。

⑤ 全响应：既有动态元件中已储存有原始能量，换路时也有外部输入激励引起的电路响应。

⑥ 阶跃响应：激励是阶跃形式时在电路中引起的响应。

如图 8-3 所示，定义 t_0 为计时起点，则电容 C 上的电压与电流在关联参考方向下有

$$i = \frac{dq}{dt} \rightarrow dq = idt \xrightarrow{\text{等式两边积分}} q(t) = q(t_0) + \int_{t_0}^{t} i(\xi)d\xi \xrightarrow{q=Cu} u_C(t) = u_C(t_0) + \frac{1}{C}\int_{t_0}^{t} i(\xi)d\xi \quad (8\text{-}1)$$

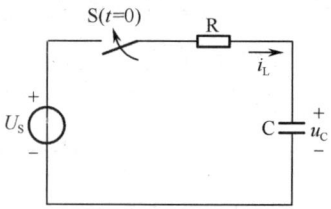

图 8-3 换路定律电路图

定义换路瞬间 $t = 0$，换路前的瞬间 $t = 0_-$，换路后的瞬间 $t = 0_+$，则有

$$\begin{cases} q(0_+) = q(0_-) + \int_{0_-}^{0_+} i(\xi)d\xi \\ u_C(0_+) = u_C(0_-) + \frac{1}{C}\int_{0_-}^{0_+} i(\xi)d\xi \end{cases} \xrightarrow{\text{流过C的}i\text{为常数} \rightarrow \int_{0_-}^{0_+} i(\xi)d\xi=0} \begin{cases} q(0_+) = q(0_-) \\ u_C(0_+) = u_C(0_-) \end{cases} \quad (8\text{-}2)$$

即电容上的电荷、电压不能发生跃变。

同理可求得电感中的磁通链和电流不能发生跃变，即

$$u = \frac{d\psi}{dt} \rightarrow d\psi = udt \xrightarrow{\text{等式两边积分}} \psi(t) = \psi(t_0) + \int_{t_0}^{t} u(\xi)d\xi \xrightarrow{\psi=Li} i_L(t) = i_L(t_0) + \frac{1}{L}\int_{t_0}^{t} u(\xi)d\xi \quad (8\text{-}3)$$

定义换路瞬间 $t = 0$，换路前的瞬间 $t = 0_-$，换路后的瞬间 $t = 0_+$，则有

$$\begin{cases} \psi(0_+) = \psi(0_-) + \int_{0_-}^{0_+} u(\xi)d\xi \\ i_L(0_+) = i_L(0_-) + \frac{1}{L}\int_{0_-}^{0_+} i(\xi)d\xi \end{cases} \xrightarrow{L\text{两端电压}u\text{为常数} \rightarrow \int_{0_-}^{0_+} u(\xi)d\xi=0} \begin{cases} \psi(0_+) = \psi(0_-) \\ i_L(0_+) = i_L(0_-) \end{cases} \quad (8\text{-}4)$$

结论：当通过电容元件的电流为有限值时，在换路瞬间 $q(0_+) = q(0_-)$，$u_C(0_+) = u_C(0_-)$。当通过电感元件的电流为有限值时，在换路瞬间 $\psi(0_+) = \psi(0_-)$，$i_L(0_+) = i_L(0_-)$。

3. 初始值

初始值指的是换路后的瞬间（$t = 0_+$），动态电路中的电流值 $i_L(0_+)$ 与电压值 $u_C(0_+)$。

电路的动态过程指的是换路后的瞬间（$t = 0_+$）到电路达到新的稳定状态（$t = \infty$）的过程。换路后电路中的电压与电流从初始值逐渐变化到稳定值，因此对电路进行暂态分析时，初始值的确定就显得尤为重要。根据换路定律确定电路初始值的计算步骤如下。

步骤 1：按照换路前电路的稳定状态求解换路前瞬间（$t = 0_-$）的电容电压 $u_C(0_-)$ 和电感电流 $i_L(0_-)$。

步骤 2：根据换路定律求解换路后瞬间（$t=0_+$）的电容电压初始值 $u_C(0_+)=u_C(0_-)$、电感电流初始值 $i_L(0_+)=i_L(0_-)$。

步骤 3：画出换路后瞬间（$t=0_+$）的等效电路。

步骤 4：根据等效电路，应用基尔霍夫定律等基本定律和分析方法，求解电路中其他电压和电流的初始值。

注意：求解 $u_C(0_-)$、$i_L(0_-)$ 时，电路中电容视为开路，电感视为短路；画 $t=0_+$ 时的等效电路时，$u_C(0_+)$ 用电压源替代，$i_L(0_+)$ 用电流源替代。

例 1：如图 8-4 所示电路中，$U_S=8\text{V}$，$R_1=3\text{k}\Omega$，$R_2=6\text{k}\Omega$，$C=1\mu\text{F}$，开关 S 处于断开状态，电容上的电压 $u_C(0_-)=0$，请求解开关 S 闭合后，$t=0_+$ 时，电路中各电流值与电容电压。

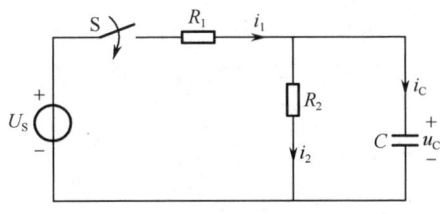

图 8-4　例 1 图

解：

步骤 1：$u_C(0_-)=0$。

步骤 2：$u_C(0_-)=0 \xrightarrow{\text{换路定律}} u_C(0_+)=u_C(0_-)=0$。

步骤 3：画换路后瞬间（$t=0_+$）的等效电路，如图 8-5 所示。

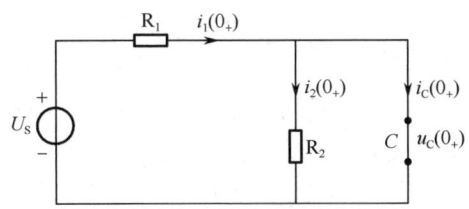

图 8-5　例 1 等效电路

步骤 4：计算得

$$i_2(0_+)=\frac{u_C(0_+)}{R_2}=\frac{0}{6\times10^3}=0$$

$$i_1(0_+)=\frac{U_S}{R_1}=\frac{8}{3\times10^3}\approx 2.67\text{mA}$$

$$i_C(0_+)=i_1(0_+)-i_2(0_+)=2.67\text{mA}$$

例 2：如图 8-6 所示电路中，$U_S=9\text{V}$，$R_1=3\Omega$，$R_2=6\Omega$，$R_3=3\Omega$，$u_C(0_-)=0$，$i_L(0_-)=0$，开关 S 处于断开状态，请求解 $t=0$ 时开关 S 闭合后，电路中各电流的初始值与电感上电压的初始值。

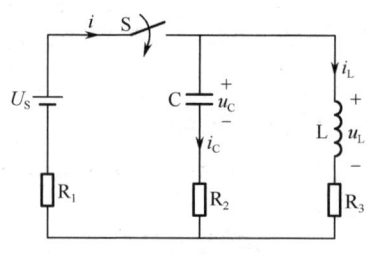

图 8-6 例 2 图

解：

步骤 1：$u_C(0_-) = 0$，$i_L(0_-) = 0$。

步骤 2：$\begin{cases} u_C(0_-) = 0 \xrightarrow{\text{换路定律}} u_C(0_+) = u_C(0_-) = 0 \\ i_L(0_-) = 0 \xrightarrow{\text{换路定律}} i_L(0_+) = i_L(0_-) = 0 \end{cases}$

步骤 3：画换路后瞬间（$t = 0_+$）的等效电路，如图 8-7 所示。

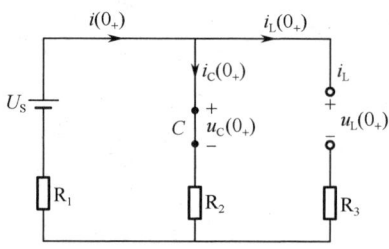

图 8-7 例 2 等效电路

步骤 4：计算得

$$i(0_+) = i_C(0_+) = \frac{U_S}{R_1 + R_2} = \frac{9}{3+6} = 1\text{A}$$

$$u_L(0_+) = i_C(0_+) \times R_2 = 1 \times 6 = 6\text{V}$$

8.3.2 一阶电路暂态分析方法

暂态分析指的是由换路定律确定动态电路的初始值后，进一步分析暂态过程当中的电压与电流变化情况。简单来说动态电路的暂态分析指的是根据电路的激励求解电路的响应。

暂态过程中的响应可根据激励情况分为零状态响应、零输入响应和全响应，相关概念前面已经讲过，这里不再赘述。

1. 微分方程法

RC 电路如图 8-8 所示，设开关 S 闭合前电容已充满电，$u_C(0_-) = U_0$，$t = 0$ 时开关 S 闭合，根据 KVL 可得

$$U = Ri + u_C \xrightarrow{i = C\frac{du_C}{dt}} U = RC\frac{du_C}{dt} + u_C \xrightarrow{\text{解方程}} u_C(t) = U + (U_0 - U)e^{-\frac{t}{RC}} \quad (8\text{-}5)$$

式中，U_0 为响应的初始值，U 为响应的最终值，也称为响应的稳态值。式 8-5 表明了在暂态过程中电压 u_C 随时间变化的规律，该暂态过程产生的响应 $u_C(t)$ 为全响应，因为过程中既有电容的初始储能 U_0，也有电源输入。

思考题

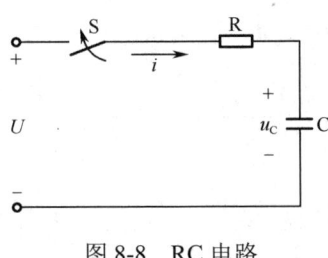

图 8-8 RC 电路

注意：一阶电路中无论是何种响应均可采用以上方法进行暂态分析。

2. 三要素法

引入时间常数 $\tau = RC$，那么

$$u_C(t) = u_C(\infty) + [u_C(0_+) - u_C(\infty)]e^{-\frac{t}{\tau}} \tag{8-6}$$

由式 8-6 可知，全响应 $u_C(t)$ 与初始值 $u_C(0_+)$、稳态值 $u_C(\infty)$ 和时间常数 τ 这三个要素相关，只要求解出这三个要素就可求解出全响应。该方法可推广至求解一阶电路中的其他变量，为

$$f(t) = f(\infty) + [f(0_+) - f(\infty)]e^{-\frac{t}{\tau}} \tag{8-7}$$

这种通过求解初始值、稳态值和时间常数来求解全响应的方法称为三要素法。

注意：R 是电路换路后从储能元件 C 或 L 两端看过去的等效电阻；在 RL 电路中，$\tau = L/R$。

8.3.3 RC 电路暂态分析

1. RC 电路的零输入响应

如图 8-9 所示，在换路前电路已处于稳定状态，电容 C 储存电能，在 $t=0$ 时开关 S 由 1 转向 2，电源电路断开，电容 C 和电阻 R 构成串联电路，电容 C 释放电能，电阻 R 吸收电能，此时串联回路当中的响应为零输入响应。

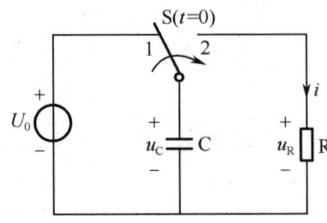

图 8-9 RC 电路零输入响应

换路后根据 KVL 得

$$u_C - Ri = 0 \xrightarrow{i=-C\frac{du_C}{dt}} RC\frac{du_C}{dt} + u_C = 0 \xrightarrow{\text{通解}u_C=Ae^{pt}} (RCp+1)Ae^{pt} = 0$$

特征方程为

$$RCp + 1 = 0 \xrightarrow{\text{特征根}} p = -\frac{1}{RC}$$

将特征根 $p = -\dfrac{1}{RC}$ 代入通解 $u_C = Ae^{pt}$，可得电容 C 在零输入响应电路中电压的表达式为

$$u_C = Ae^{-\frac{1}{RC}t} \xrightarrow{A=U_0} u_C = U_0 e^{-\frac{1}{RC}t} = U_0 e^{-\frac{1}{\tau}t} \qquad (8\text{-}8)$$

电流为

$$i = -C\dfrac{du_C}{dt} = -u_C \dfrac{d(U_0 e^{-\frac{1}{RC}t})}{dt} = -CU_0\left(-\dfrac{1}{RC}\right)e^{-\frac{1}{RC}t} \to i = \dfrac{U_0}{R} e^{-\frac{1}{\tau}t}$$

电阻两端的电压为

$$u_R = u_C = U_0 e^{-\frac{1}{\tau}t}$$

时间常数 τ 表征暂态过程的速度，当 $t=0$ 时，$u_C = U_0 e^0 = U_0$，当 $t=\tau$ 时，$u_C = U_0 e^{-1} \approx 0.368U_0$，列出 t 取不同值时，电容电压 u_C 的对应值，具体如表 8-1 所示。

表 8-1 时间与电容电压的关系表

时间（t）	0	τ	2τ	3τ	4τ	5τ	……	∞
电容电压 $u_C(t)$	U_0	$0.368U_0$	$0.135U_0$	$0.050U_0$	$0.018U_0$	$0.007U_0$	……	0

由表 8-1 可知，时间趋近于无穷大（$t \to \infty$）时，电容电压才会放电结束，即 $u_C \to 0$，绘出电容电压 u_C 和电流 i 随时间的变化曲线图，如图 8-10、图 8-11 所示。

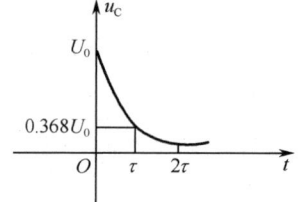

图 8-10　u_C 随时间变化曲线图　　　　图 8-11　i 随时间变化曲线图

注意：实际工程中认为经过 $3\tau \sim 5\tau$ 后过渡过程基本结束。

2. RC 电路的零状态响应

零状态响应指的是电路中储能元件的初始能量为零，换路后仅依靠外部输入激励引起的电路响应。如图 8-12 所示，当 $t<0$ 时，$u_C(0_-) = 0$，电容处于初始状态，没有储能，$t=0$ 时，开关 S 闭合，回路中电容元件无储能，此时回路的响应为零状态响应，电容电压 u_C 从 0 开始渐增，此时根据 KVL 可得

$$U_S = u_R + u_C \xrightarrow{u_R = iR, i = C\frac{du_C}{dt}} U_S = RC\dfrac{du_C}{dt} + u_C$$

电路的过渡过程结束时，电容上的电压为 U_S，即该非齐次方程的特解为 $u_C' = U_S$。非齐次方程对应的 $U_S = 0$ 的解即为齐次方程的通解，$u_C'' = Ae^{-\frac{t}{\tau}}$。

综上，方程的全解为 $u_C = u_C' + u_C'' = U_S + Ae^{-\frac{t}{\tau}}$。

根据换路定律可得

$$u_C(0_+) = u_C(0_-) = 0 \xrightarrow{\text{代入全解}} U_S + A = 0 \to A = -U_S$$

将 $A = -U_S$ 代入全解可得

$$u_C = U_S - U_S e^{-\frac{t}{\tau}} = U_S(1 - e^{-\frac{t}{\tau}}) \tag{8-9}$$

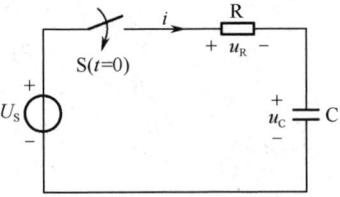

图 8-12 RC 电路零状态响应

电流为

$$i = C\frac{du_C}{dt} = C\frac{d(U_S - U_S e^{-\frac{t}{\tau}})}{dt} = \frac{U_S}{R}e^{-\frac{t}{\tau}} \tag{8-10}$$

电阻上的电压为 $u_R = Ri = U_S e^{-\frac{t}{\tau}}$。

RC 电路零状态响应曲线如图 8-13 所示，绘制电路中电流 i、电阻电压 u_R 随时间变化的曲线图，如图 8-14 所示，由图可知，i 和 u_R 的衰减速度取决于时间常数 τ。

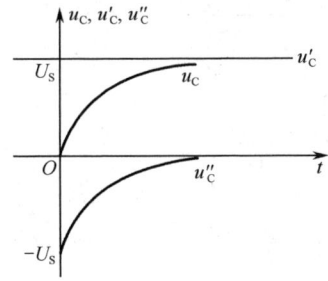 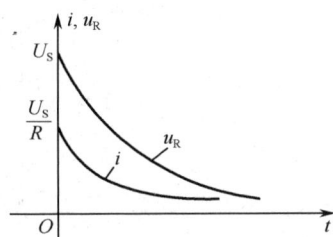

图 8-13 RC 电路零状态响应曲线　　　　图 8-14 电流、电阻电压变化曲线图

例 3：如图 8-15 所示电路中，电容 C 未充电，开关 S 在 $t=0$ 瞬间闭合，请求解电容电压的变化规律。

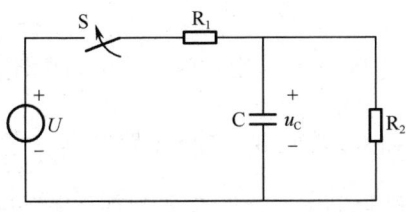

图 8-15 例 3 图

解： 由题意可知电容 C 未充电，属于求解 RC 电路的零状态响应问题。
根据换路定律确定 u_C 的初始值为 $u_C(0_+) = u_C(0_-) = 0$。
换路后达到稳态状态视为开路，画出等效电路如图 8-16（a）所示，求得

$$u_C(\infty) = \frac{R_2}{R_1+R_2}U$$

电容两端的等效电路如图 8-16（b）所示，内阻 $R_0 = \dfrac{R_1 R_2}{R_1+R_2}$，求得时间常数为

$$\tau = R_0 C = \frac{R_1 R_2}{R_1+R_2}C$$

综上可得

$$u_C = u_C(t) = u_C(\infty) + [u_C(0_+) - u_C(\infty)]e^{-\frac{t}{\tau}} = \frac{R_2}{R_1+R_2}U + \left[0 - \frac{R_2}{R_1+R_2}U\right]e^{-\frac{t}{\frac{R_1 R_2}{R_1+R_2}C}}$$

$$= \frac{R_2}{R_1+R_2}U[1 - e^{-\frac{t}{\frac{R_1 R_2}{R_1+R_2}C}}]$$

绘出 u_C 的波形图，如图 8-16（c）所示。

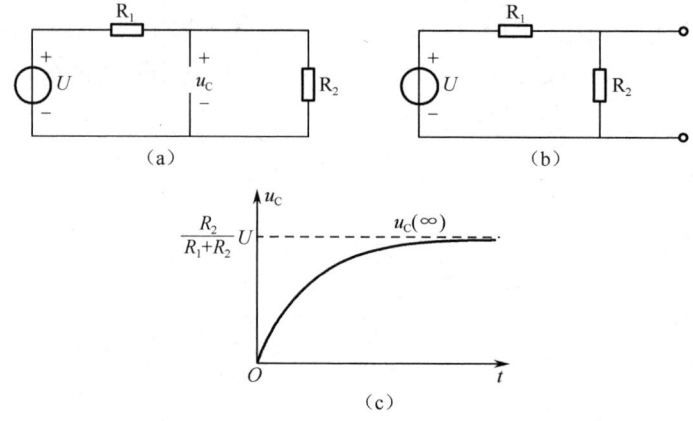

图 8-16 例 3 解答图

8.3.4　RL 电路暂态分析

1. RL 电路的零输入响应

思考题

如图 8-17 所示，在换路前电路已处于稳定状态，电感电流 $i_L = \dfrac{U_S}{R} = I_0$，电感 L 储存磁能为 $W_L = \dfrac{1}{2}LI_0^2$，在 $t=0$ 时开关 S 由 a 转向 b，电源电路断开，电感 L 和电阻 R 构成串联电路，电感元件释放磁能，电阻元件消耗能量，此时输入为零，串联回路当中的响应为零输入响应。换路后电感电流为 $i_L = I_0 e^{-\frac{R}{L}t} = I_0 e^{-\frac{t}{\tau}}$。

项目八 闪光灯充放电电路的安装与调试

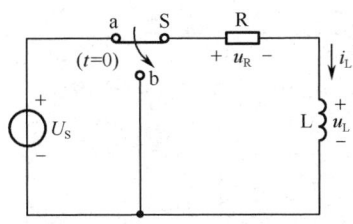

图 8-17 RL 电路零输入响应

换路后根据 KVL 得

$$u_L + u_R = 0 \xrightarrow{u_L = L\frac{di_L}{dt}, u_R = i_L R} L\frac{di_L}{dt} + i_L R = 0$$

电阻元件两端的电压为 $u_R = i_L R = RI_0 e^{-\frac{t}{\tau}}$，电感元件两端的电压为 $u_L = -u_R = -RI_0 e^{-\frac{t}{\tau}}$。

RL 电路零输入响应曲线如图 8-18 所示，可知换路后输入为零，电感电流逐渐变小，电感电压与电流反向，也逐渐趋近于零。

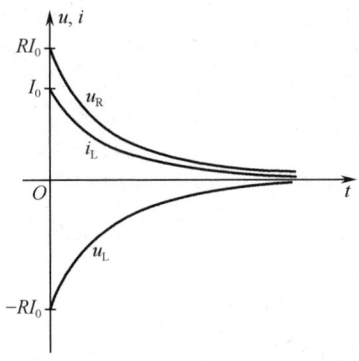

图 8-18 RL 电路零输入响应曲线

2. RL 电路的零状态响应

如图 8-19 所示，在换路前电路已处于稳定状态，电路开路，电流为零，电感中无储能。在 $t=0$ 时开关 S 闭合，电路导通为串联闭合回路，此时直流电压源 U_S 为电路提供电能，电路的响应为零状态响应。换路后电感电流为 $i_L(t) = \frac{U_S}{R}(1 - e^{-\frac{t}{\tau}})$。

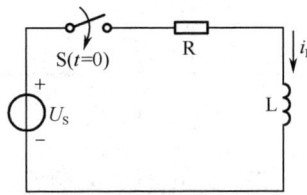

图 8-19 RL 电路零状态响应

换路后根据 KVL 得

$$u_L + u_R = U_S \xrightarrow{u_L = L\frac{di_L}{dt}, u_R = i_L R} \frac{L}{R}\frac{di_L}{dt} + i_L = \frac{U_S}{R}$$

换路后稳态下电感视为短路，求解该微分方程可得电感电流为

$$i_L = \frac{U_S}{R} - \frac{U_S}{R}e^{-\frac{t}{\tau}} = \frac{U_S}{R}(1-e^{-\frac{t}{\tau}}) \xrightarrow{i_L(\infty) = \frac{U_S}{R}} i_L(t) = i_L(\infty)(1-e^{-\frac{t}{\tau}}) \quad (8\text{-}11)$$

电阻元件两端的电压为 $u_R = i_L R = U_S(1-e^{-\frac{t}{\tau}})$，电感元件两端的电压为 $u_L = U_S - u_R = U_S e^{-\frac{t}{\tau}}$。

RL 电路零状态响应曲线如图 8-20 所示，由图可知换路后电感电流 i_L 从零按规律上升到非零的稳态值。电阻电压、电感电压随时间变化曲线如图 8-21 所示，由图可知换路后电阻电压 u_R 从零按规律上升到非零的稳态值，电感电压 u_L 在换路的瞬间从零跃变为非零的初始值（最大值），然后按照指数规律下降到零稳态值。

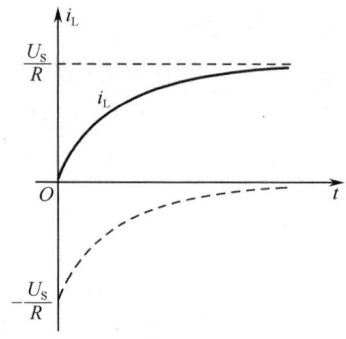

图 8-20 RL 电路零状态响应曲线

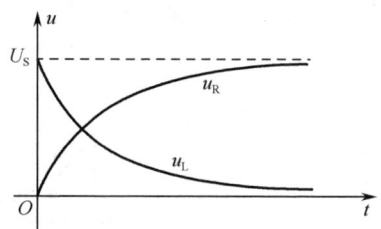

图 8-21 电阻电压、电感电压随时间变化曲线

注意：过渡过程中电感元件的储能会随着电流的增加而逐渐增加，当 $t \to \infty$ 时，电路达到稳态，最大储能为 $W_L(\infty) = \frac{1}{2}Li^2(\infty)$。

例 4：如图 8-22 所示，电路在开关 S 断开前处于稳态，$U_S = 220\text{V}$，$R_1 = 60\Omega$，$L = 1\text{H}$，$r = 30\Omega$，$t=0$ 时断开开关 S，请求解开关 S 断开后电流 i 的变化规律和电感两端的电压 u_L'。

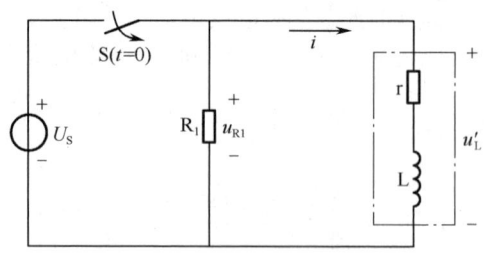

图 8-22 例 4 图

解：由题意可知换路前电路处于稳态，电感视为短路，通过电感 L 的电流为

$$i(0_-) = I_0 = \frac{U_S}{r} = \frac{220}{30} \approx 7.33\text{A}$$

开关 S 断开后，电感 L 向回路中 R_1 和 r 放电，可得

$$\begin{cases} i(t) = I_0 e^{-\frac{t}{\tau}} \\ \tau = \dfrac{L}{R_1+r} = \dfrac{1}{90}\text{s} \end{cases} \Rightarrow i(t) = I_0 e^{-\frac{t}{\tau}} = 7.33 e^{-90t}\text{A}$$

换路后电感元件两端的电压为

$$u'_L(0_+) = u'_{R1}(0_+) = -I_0 R_1 \approx -7.33 \times 60 = -439.8\text{V}$$

注意：换路瞬间，电压由 220V 骤然升高至 439.8V，可知放电电阻 R_1 不宜过大，因 R_1 太大会导致电感两端的电压过高，易损坏电感元件，如果将 R_1 替换成内阻较大的电压表，该电压表也容易损坏。

8.3.5 一阶电路的全响应

1. 一阶 RC 电路的全响应

思考题

如图 8-23 所示，在换路前电路已处于稳定状态，将电容充电至 $u_C(0_-) = U_0$，在 $t=0$ 时开关 S 闭合，电源电路接通，此时回路中既有电容 C 的初始储能又有电压源 U_S 的输入激励，回路中的响应为全响应。

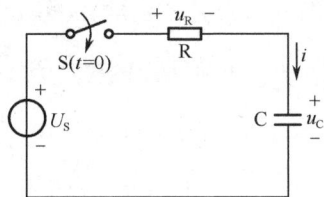

图 8-23 RC 电路全响应电路图

换路前电容电压为 U_0，$t \geq 0$ 时电容电压 u_C 的零输入响应为 $u_{C1} = U_0 e^{-\frac{t}{\tau}}$，零状态响应为 $u_{C2} = U_S(1-e^{-\frac{t}{\tau}})$。

线性电路的全响应是零输入响应和零状态响应的叠加，电容电压的全响应为

$$u_C = u_{C1} + u_{C2} = U_0 e^{-\frac{t}{\tau}} + U_S(1-e^{-\frac{t}{\tau}}) = U_S + (U_0 - U_S)e^{-\frac{t}{\tau}} \qquad (8\text{-}12)$$

式 8-12 表明线性电路的全响应不仅是零输入响应和零状态响应的叠加，也可以写成暂态分量和稳态分量的叠加。

一阶 RC 电路全响应总共有 $U_0 < U_S$、$U_0 = U_S$、$U_0 > U_S$ 三种情况，绘制一阶 RC 电路全响应曲线图，如图 8-24 所示，发现电路中的电流只有暂态分量，稳态分量为零。电路中的电流为 $i = C\dfrac{du_C}{dt} = \dfrac{U_S - U_0}{R} e^{-\frac{t}{\tau}}$。

2. 一阶 RL 电路的全响应

如图 8-25 所示，将电路开关 S 置于 B 点时电感元件中还储存有部分磁能，$t=0$ 时将开关 S 置于 A 点，电感元件与电压源接通重新进行储能，此时回路中既有电感元件的部分初始磁能又有电源输入的激励，回路中的响应为全响应。

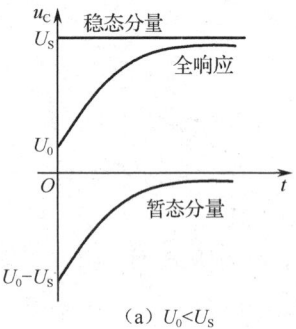
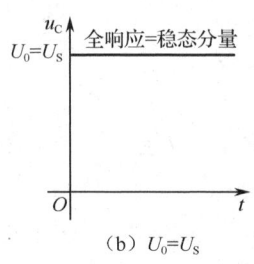
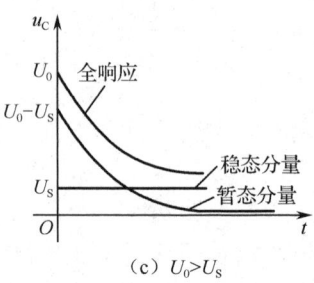

(a) $U_0<U_S$　　　　　　(b) $U_0=U_S$　　　　　　(c) $U_0>U_S$

图 8-24　一阶 RC 电路全响应曲线图

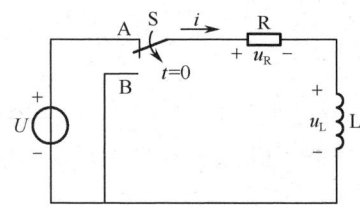

图 8-25　RL 电路全响应电路图

假设换路前电感的放电电流为 I_0，根据换路定律 $i(0_+)=i(0_-)=0$，换路后电感充电至稳态时电流为 $i(\infty)=\dfrac{U}{R}$，$\tau=\dfrac{L}{R}$，可求得暂态过程中电感电流为

$$i=i(\infty)+[i(0_+)-i(\infty)]\mathrm{e}^{-\frac{t}{\tau}}=\frac{U}{R}+\left(I_0-\frac{U}{R}\right)\mathrm{e}^{-\frac{t}{\tau}}=I_0\mathrm{e}^{-\frac{t}{\tau}}+\frac{U}{R}(1-\mathrm{e}^{-\frac{t}{\tau}}) \tag{8-13}$$

一阶 RL 电路电流全响应波形图如图 8-26 所示。

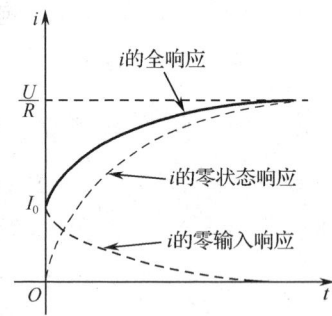

图 8-26　一阶 RL 电路电流全响应波形图

8.4　项目实践——闪光灯充放电电路的安装与调试

1. 目标

（1）熟悉一阶电路的分析方法。
（2）掌握闪光灯充放电电路的安装和调试。

2. 设备

1 个 5V 直流稳压电源、2 个 3.8V/0.3A 闪光灯、1 个 470μF 大电容、1 个双掷开关、2 个 100kΩ 可调电阻、1 个电压表、1 个示波器、导线若干。

3. 实践步骤

闪光灯充放电电路图如图 8-27 所示。

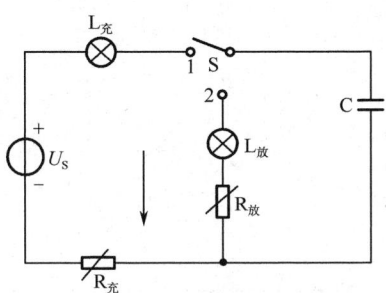

图 8-27 闪光灯充放电电路图

（1）查阅资料，了解线路安装工艺与要求。

（2）按照图 8-27 安装好闪光灯充放电电路。

（3）断开开关 S，久置之后，$t=0$ 时将开关 S 拨向 1 处，连通 U_S、$L_充$、电容 C 和 $R_充$ 电路，观察充电与放电时灯泡情况，测量电容电压 u_C 并将相关数据填入表 8-2 中。

（4）将开关 S 久置于 1 处，$t=0$ 时拨向 2 处，连通电容 C、$L_放$ 和 $R_放$ 电路，观察充电与放电时灯泡情况，测量电容电压 u_C 并将相关数据填入表 8-2 中。

（5）将开关 S 久置于 1 处，$t=0$ 时拨向 2 处，然后立刻拨回 1 处，观察充电与放电时灯泡情况，测量电容电压 u_C 并将相关数据填入表 8-2 中。

表 8-2 电容电压 u_C 测量数据

状　　态	实操步骤	观察与测量		
		充电时灯泡情况	放电时灯泡情况	电　容　电　压
零状态	步骤（3）			
零输入状态	步骤（4）			
全响应状态	步骤（5）			

8.5 项目评价

项目工单

姓名		班级		成绩		工位	
项目要求	（1）动态电路的基本知识。 （2）一阶电路暂态分析方法。 （3）RC 电路暂态分析。 （4）RL 电路暂态分析。 （5）闪光灯充放电电路的安装、调试和故障排除。						

续表

任务完成结果（故障分析、存在问题等）	注意事项
项目实施步骤： 结论与分析： 收获：	
评阅教师：	评阅日期：

考核细则

从学生学习行为和效果两个维度展开评价，并为服务社会、技能大赛和考取证书单列分值。根据职业资格标准、学习过程、实际操作情况、学习态度等多方面进行考核，可分为自我评价、组内互评、教师评价和企业导师评价。

得分说明：自我评价占总分的30%，组内互评占总分的30%，教师评价占总分的20%，企业导师评价占总分的20%。

基本素养（20分）						
序号	考核内容	分值	自我评价	组内互评	教师评价	小计
1	考勤、课堂互动、讨论、头脑风暴参与度、小组团队合作	10				
2	安全文明规范操作规程	5				
3	实训室6S管理（整理、整顿、清扫、清洁、素养、安全）	5				
理论知识（30分）						
序号	考核内容	分值	自我评价	组内互评	教师评价	小计
1	动态电路的基本知识	5				
2	一阶电路暂态分析方法	5				
3	RC电路暂态分析	10				
4	RL电路暂态分析	10				
技能操作（50分）						
序号	考核内容	分值	自我评价	组内互评	企业导师评价	小计
1	闪光灯充放电电路的安装	20				
2	闪光灯充放电电路的调试与故障排除	30				
总分						

8.6 项目总结

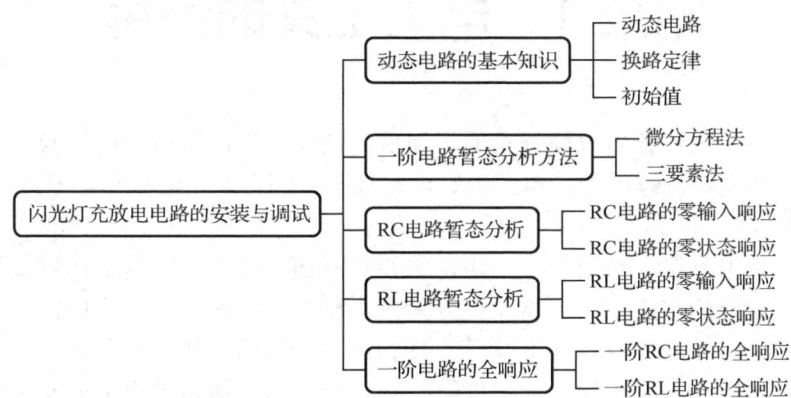

8.7 项目拓展

请参考图 8-28 进行 RC 电路充放电现象分析与测试，参考图 8-29 进行 RL 电路充放电现象分析与测试，要求如下：

（1）观察示波器屏幕上的激励与响应的变化规律。
（2）测算时间常数 τ。
（3）绘制波形图。

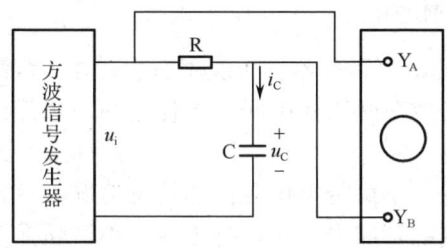

图 8-28 RC 方波响应电路

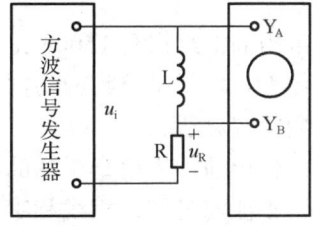

图 8-29 RL 方波响应电路

习题

附录1　电工工具的使用

低压电工证是机电设备电气检修员的上岗证，低压电工证考核当中涉及的电工工具有钢丝钳、尖嘴钳、圆嘴钳、螺丝刀、电工刀、活动扳手、测电笔、断线钳、紧线钳、电钻等。

1. 钢丝钳

钢丝钳也称为卡丝钳、手钳和电工钳，主要有剪切、绞弯、夹持金属导线和紧固螺母等作用，是电工作业时的常用工具。钢丝钳分为钳头和钳柄两部分，钳头由钳口、齿口、刀口和铡口四个工作口组成，如图附 1-1 所示。钳口常用于绞弯和钳夹线头；齿口常用于旋转螺钉、螺母；刀口常用于切断电线、起拔铁钉、剥绝缘层等；铡口常用于铡断硬度较大的金属丝，如铁丝等。

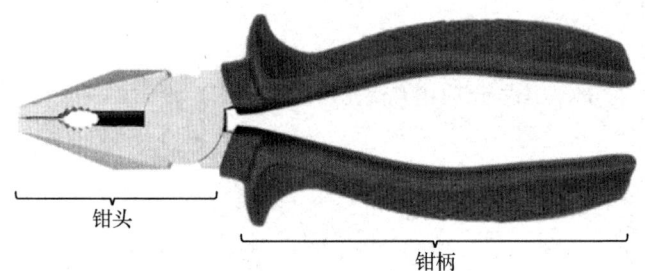

图附 1-1　钢丝钳

电工常用的钢丝钳有 150mm、175mm、200mm 三种规格。一般用右手操作，将钳头的刀口朝向操作者，以便于控制剪切部位；再将小指放在两钳柄中间来抵住钳柄，张开钳头，这样分开钳柄比较灵活。

注意：使用前，应检查钳柄的绝缘是否完好，不可带电作业；遇特殊情况需剪断带电导线时，切记不能同时剪切相线和零线；钳柄的绝缘管破损后应及时更换，不可勉强使用，防止在作业中钳头碰到带电部位而发生意外事故。

2. 尖嘴钳

尖嘴钳具有尖锐而细长的锥形嘴，如图附 1-2 所示。其主要作用为夹紧、拧紧或剪断金属线、软管等，适用于电子维修、珠宝制作、手工艺品制作、家庭维修、汽车维修等多个领域。

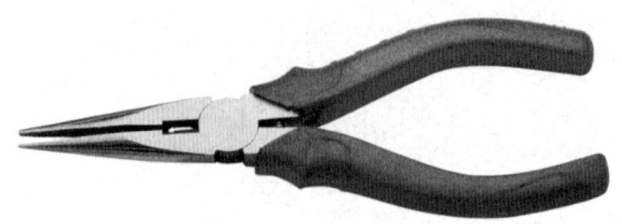

图附 1-2　尖嘴钳

在电子行业中,尖嘴钳常用于夹持电阻、电容等小型元件,因其尖嘴部位可以精确地夹住细小的零件,方便进行维修和焊接工作,在电子维修和电路板焊接中使用非常广泛;另外尖嘴钳还可以用来剥线,便于技术员进行线路连接和调试。

3. 圆嘴钳

圆嘴钳因其钳头呈圆锥形而得名,如图附 1-3 所示,主要用于夹持和固定小型零件,具有精确夹持、方便操作、功能多等特点,在机械加工、电子维修、珠宝制作等领域有着广泛的应用。

图附 1-3 圆嘴钳

圆嘴钳的夹持口径较小,钳头又是圆嘴形状,在夹取螺母、螺栓、螺钉及电子元件等小型零件时既可实现精确夹持,又可避免零件损坏,还可调节夹持力度,因此夹持效果稳定可靠。

除夹持和固定小型工件外,圆嘴钳还可用于对金属材料进行弯曲、塑形等操作。圆嘴钳的尖端呈圆形,能够提供均匀的压力,因此可以通过调整圆嘴钳的夹持力度和角度,来实现对金属材料的精确控制。

4. 螺丝刀

螺丝刀又称为改锥、起子、旋凿,其由刀头和柄组成,如图附 1-4 所示。螺丝刀有一个薄楔形头,常用刀头形状有一字形和十字形两种,分别用于旋动头部为横槽或十字形槽的螺钉,一字螺丝刀能保证有扭矩,而十字螺丝刀能让力量分布得更均匀,顺时针方向旋转螺丝刀为嵌紧,逆时针方向旋转螺丝刀为松出,利用杠杆和轮轴的工作原理,常用于拧转螺钉以使其就位。

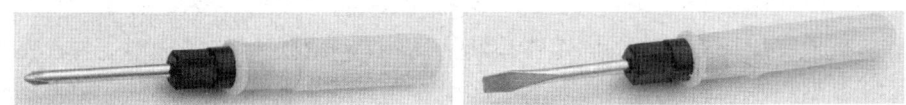

图附 1-4 十字螺丝刀和一字螺丝刀

螺丝刀没有圆头形,因为圆头螺丝刀没有扭矩。螺丝刀的规格指的是金属杆的长度,常见规格有 75mm、100mm、125mm、150mm 四种。使用时,用手掌紧握住柄,用力顶住,使刀头紧压在螺钉上旋转。对于穿心柄式螺丝刀,可在尾部敲击,但禁止将其用于有电的场合。

5. 电工刀

电工刀分为刀片、刀刃、刀把和刀挂四部分,如图附 1-5 所示,在不使用的情况下,刀片必须收进刀把内以保障安全,其规格分为大号和小号,大号刀片长 112mm,小号刀片长 88mm。有的电工刀上带有锯片和锥子,可用来锯小木片和钻锥孔。

图附 1-5　电工刀

电工刀是一种常用的切削剥线工具，是适用于车间等作业地点的一种电缆剥线刀，在与导线接头相接之前，应使用电工刀把导线上的绝缘皮剥除，同时注意刀口不可伤到芯线。

注意：电工刀不能用于带电作业以免触电。使用时，刀口朝外剥削以避免伤及手指，使用后及时将刀片折进刀把中。

6. 活动扳手

活动扳手也称为可调扳手，由固定钳口、活动钳口、开口调节螺母、固定销和握把构成，如图附 1-6 所示，其常用于四方头或六方头螺纹管件的紧固和拆卸，能在一定范围内任意调节开口尺寸，一个可调扳手可用来代替多个开口扳手。

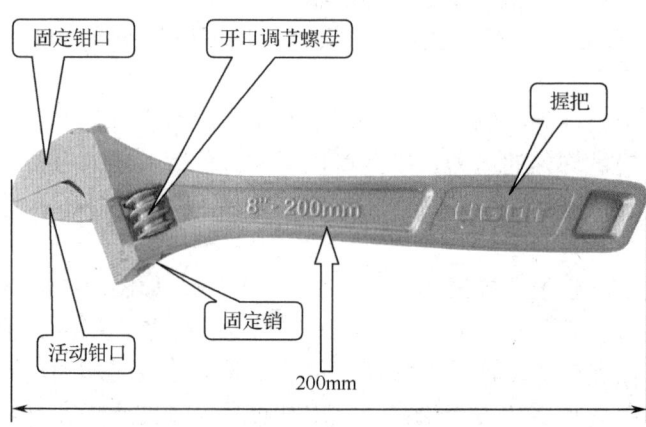

图附 1-6　活动扳手

使用活动扳手时用相互平行的固定钳口和活动钳口来固定对称多边形工件，通过朝活动钳口方向旋转握把的方式来拆卸或紧固工件。

注意：要使活动扳手的活动钳口部分受推力，固定钳口受拉力，才能保证固定销、螺母及扳手本身不被损坏。如果操作不规范，会使压力作用在调节螺杆上，在施力时促使钳口变大，将损坏螺栓、螺母的棱角和扳手本身。

7. 测电笔

测电笔由笔尖金属体、电阻、氖管、笔筒、弹簧和笔尾的金属体组成，如图附 1-7 所示。当用测电笔测试带电体时，只要带电体、测电笔、人体和大地构成通路，并且带电体与大地之间的电位差超过一定数值，测电笔之中的氖管就会发光，表示被测物体带电，并且超过了一定的电压强度。

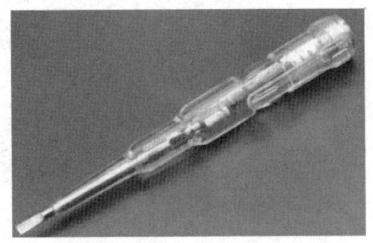

图附 1-7　测电笔

如果测电笔的金属部分在侧面，需要侧握使用，具体是将测电笔的顶端抵住手掌，用拇指或食指接触测电笔的金属部分；如果测电笔的金属部分在顶端，则需要直握使用，具体是用食指接触顶端金属，拇指和另外三指分处不同侧夹住测电笔。

测量时，先握好测电笔，再用笔尖接触待测对象。如果测电笔发光或测电笔显示屏上显示数字，则证明线路中存在电压。如果测电笔无反应，则线路中没有电压。

注意：测电笔还有区分交流电和直流电、测量相线的同相或异相、测量直流电的正负极等作用。

8. 断线钳

断线钳由定刀架、动刀架、刀片、定手柄和动手柄组成，如图附 1-8 所示。

断线钳分为普通断线钳和专用断线钳两种，普通断线钳又称斜口钳，钳柄有铁柄、管柄和绝缘柄三种，专供剪断较粗的金属丝、线材及导线电缆时使用；专用断线钳是一种用于钢绞线的切割，并配有安全把套的多用途钳子。

断线钳是一种用来剪断电线或较粗金属丝的工具，电工常使用的是绝缘柄断线钳，工作电压为 1kV，可用于低压电气设备 380V 以下的电线带电作业。

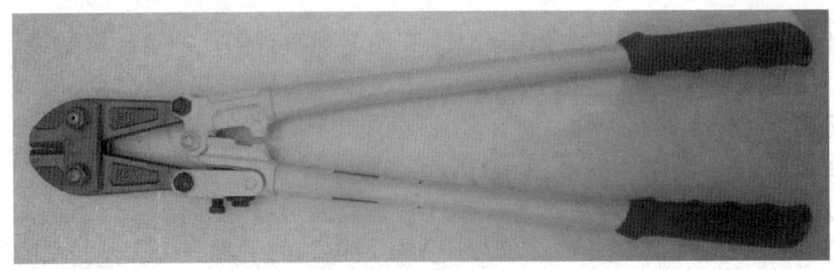

图附 1-8　断线钳

对粗细不同、硬度不同的材料，应选用大小合适的普通断线钳。用斜口钳剪断电线或元件引脚时，应将线头朝下，防止断线时伤及操作者的眼睛或其他人。普通断线钳不可用来剪断铁丝或其他金属物体，以免损伤器件，直径超过 1.6mm 的电线不可用普通断线钳剪断。

9. 紧线钳

紧线钳由手柄、支点、夹持部分和调节装置组成，如图附 1-9 所示。手柄是用于手动施加力量的部分，通常两个手柄相互连接，用户通过握住手柄施加力量；支点是杠杆的旋转中心，通常位于紧线钳的中间位置，起到支撑和固定的作用；夹持部分用于夹持细线或细丝部分，通常为两个夹持爪或夹持钳，可以通过手柄控制夹持力的大小；调节装置可根据需要调整夹持力的大小，并非所有紧线钳都有调节装置。

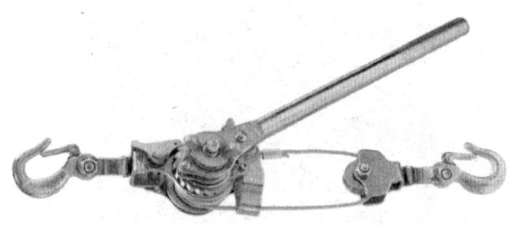

图附 1-9　紧线钳

紧线钳具有稳定性高、承载能力强、结构形式灵活、施工方便等优点，这些优点使得紧线钳在工程领域得到了广泛的应用。

10. 电钻

电钻分为手电钻、冲击电钻和锤钻三类，其通常由电动机、钻夹头、钻头和手柄等部分组成，如图附 1-10 所示。

图附 1-10　紧线钳

手电钻的功率较小，使用范围仅限于钻木和当电动改锥用，部分手电钻可以根据用途改成专门工具，用途及型号较多；冲击电钻的冲击机构有犬牙式和滚珠式两种，常用于在砖砌块和混凝土等脆性材料上钻孔；锤钻可在多种硬质材料上钻洞，使用范围最广。

11. 面包板

SYB-130 型面包板结构示意图如图附 1-11 所示。面包板中央有一个凹槽，凹槽两边各有 65 列小孔，每列的 5 个小孔在电气上相互连通。集成电路的引脚分别插在凹槽两边的小孔上。插座上、下边各 1 排（即 X 排和 Y 排，在电气上是分段相连的 55 个小孔），分别作为电源与地线插孔使用。对于 SYB-130 型面包板，X 排和 Y 排的 1～15 孔、16～35 孔、36～50 孔在电气上是连通的。其他型号的面包板在 X 排电气连通上有所不同，使用前请参看使用说明或自行测试。

面包板的使用方法及注意事项如下。

（1）安装分立元件时，应便于看到元件的极性和标志。将元件引脚顺直后，在需要的地方折弯。为了防止裸露的引线短路，必须使用带套管的导线。一般不剪断元件引脚，以便于重复使用。

（2）对多次使用的集成电路的引脚，必须修理整齐，引脚不能弯曲，所有引脚应稍向外偏，这样能使引脚与插孔可靠接触。要根据电路图确定元器件在面包板上的排列方式，目的是走线方便。为了正确布线并便于查线,所有集成电路的插入方向要保持一致,不能为了临时走线方便或缩短导线长度而把集成电路倒插。

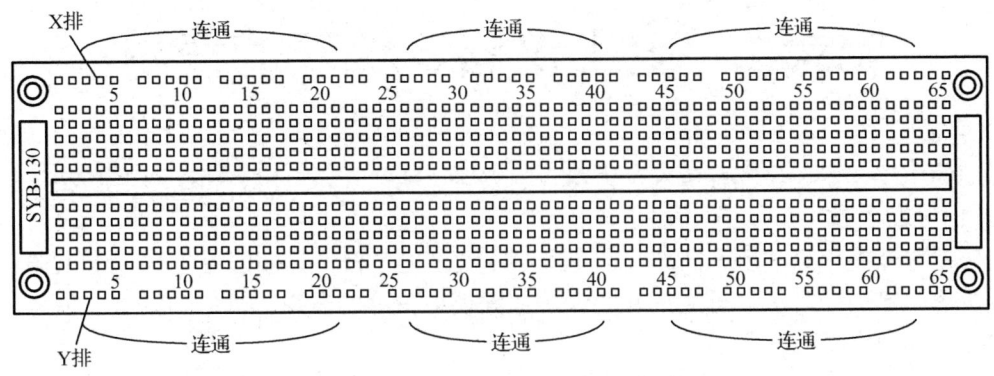

图附 1-11 SYB-130 型面包板结构示意图

(3)根据信号流程的顺序,采用边安装边调试的方法。元器件安装后,先连接电源线和地线。为了查线方便,连线尽量采用不同颜色。例如,电源正极用红色,电源负极用蓝色,地线用黑色,信号线用黄色,也可根据条件选用其他颜色。

(4)面包板宜使用直径为 0.6mm 左右的单股导线,一般不要插入引脚直径大于 0.8mm 的元器件,以免破坏内部接触片的弹性。根据导线的距离及插孔的长度剪断导线,元器件引脚或导线头要求剪成 45°斜口,线头剥离长度约为 6mm。要沿面包板的板面垂直方向插入方孔,应能感觉到有轻微、均匀的摩擦阻力,全部插入底板以保证接触良好。在面包板倒置时,元器件应能被柱连接插座夹住而不脱落。裸线不宜露在外面,防止与其他导线短路。

(5)连线要求紧贴在面包板上,以免碰撞弹出面包板,造成接触不良。必须使连线在集成电路周围通过,不允许跨接在集成电路上,也不得使导线互相重叠在一起。尽量做到横平竖直,这样有利于查线、更换元器件及连线。

(6)在布线过程中,要求把放置在面包板上元器件的位置和所用的引脚号标在电路图上,保证调试和查找故障的顺利进行。

(7)所有地线必须连接在一起,形成一个公共参考点。

(8)面包板应该在通风、干燥处存放,特别要避免被电池漏出的电解液所腐蚀。要保持面包板清洁,焊接过的元器件不要插在面包板上。

附录2　电工仪器、仪表的使用

常用的电工仪器、仪表有信号发生器、示波器、毫伏表、万用表和钳形电流表等。

1. 信号发生器

信号发生器是用来产生不同形状、不同频率波形的仪器，如图附 2-1 所示。实验中常用信号发生器来充当信号源，可通过开关和旋钮来调节信号的波形、频率和幅度。信号发生器分为模拟式和数字式两种。

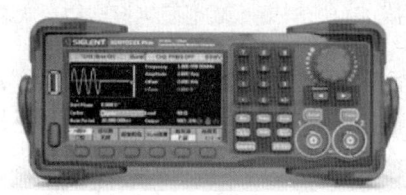

图附 2-1　信号发生器

国产 SDG1000X PLUS 型信号发生器有双通道，输出频率为 60/30/25MHz，采样率是 1GSa/s，垂直分辨率为 16-bit，波形长度为 8Mpts，幅度范围是-10V～+10V。

如设置输出幅度为 $20V_{PP}$、频率为 10kHz 正弦波信号的步骤如下。

（1）打开电源。

（2）按下"频率"键——用数码键盘输入"10"——按下单位键"调制/kHz"，此时，屏幕显示"10kHz"。

（3）按下"幅度"键——用数码键盘输入"20"——按下单位键"偏移/mV"，此时，屏幕显示"$20V_{PP}$"。

（4）按下"波形"键，选择输出正弦波，此时，屏幕显示正弦波符号。

注意：信号发生器输出幅度为电压的峰一峰值而不是有效值。

2. 示波器

示波器是一种综合性电信号显示和测量仪器，如图附 2-2 所示。示波器不但可以直接显示出电信号随时间变化的波形和变化过程，测量出信号的幅度、频率、脉宽、相位差等，还能观察信号的非线性失真，测量调制信号的参数等。示波器配合各种传感器使用还可以进行各种非电量参数的测量。

示波器有两个输入通道"CH_1"和"CH_2"，还有一个外触发通道"EXT TRIC"。

（1）垂直系统操作。

① 使用垂直"POSITION"旋钮使波形在窗口中居中显示，用垂直"POSITION"旋钮控制波形的垂直显示位置。当转动垂直"POSITION"旋钮时，指示接地（GROUND）的标识跟随波形上下移动。

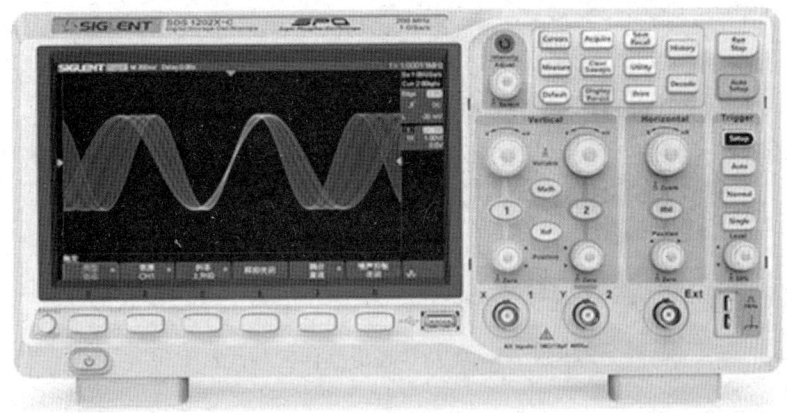

图附 2-2　示波器

②　调节垂直"SCALE"旋钮，改变垂直显示设置。转动垂直"SCALE"旋钮，改变"volt/div（伏/格）"垂直挡位，液晶显示屏幕下方的状态信息栏发生改变，如由"2mV/div"变为"5mV/div"，同时，液晶显示屏幕上的波形也发生了变化。

（2）水平系统操作。

①　调节水平"POSITION"旋钮使得波形在窗口中居中显示。

②　调节水平"SCALE"旋钮，改变波形周期个数。转动水平"SCALE"旋钮，改变"s/div（秒/格）"水平挡位，液晶显示屏幕下方的状态信息栏发生改变，如由"10μs/div"变为"10ns/div"，同时，液晶显示屏幕上显示波形的周期个数也发生变化，一般显示 3～5 个周期较为合适。

（3）触发系统。

触发系统由一个旋钮"LEVEL"和三个键"MENU""50%""FORCE"组成。转动旋钮"LEVEL"可以改变触发电平设置，按下"MENU"键可以调出触发菜单以改变触发设置等。

（4）波形信号的自动设置。

常用数字示波器具有自动设置功能，即根据输入的信号，可以自动调整电压倍率、时间基准与触发方式至最好形态显示。使用自动设置显示波形的操作步骤如下。

①　打开电源。

②　将被测信号连接到信号输入通道 CH_1 或 CH_2。

③　按下"AUTO"键。

示波器将自动设置垂直、水平和触发控制，可以手工调整这些控制使波形显示达到最佳效果。

常用示波器可以进行电压的峰—峰值、瞬时值、周期、带宽等多种量的测量，详细情况可参考该仪器的用户使用手册。

3. 毫伏表

常用单通道晶体管毫伏表如图附 2-3 所示，其具有测量交流电压、测试电平、监视输出等功能。交流电压测量范围是 100mV～300V、5Hz～2MHz，共分 1mV、3mV、10mV、30mV、100mV、300mV、1V、3V、10V、30V、100V、300V 12 挡。现将其基本使用方法介绍如下。

电工基础项目化教程

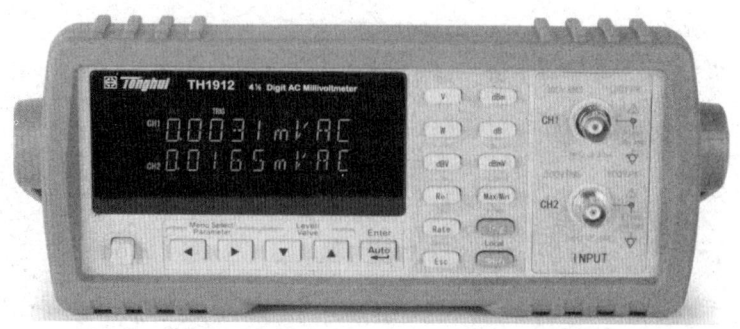

图附 2-3　常用单通道晶体管毫伏表

在使用毫伏表前，需将通道输入端测试探头上的红、黑色鳄鱼夹短接，将量程开关置于最高量程（300V）。

使用毫伏表的步骤如下：

（1）接通 220V 电源，按下电源开关，电源指示灯亮，仪器立刻工作。为了保证仪器稳定性，建议预热 10s 后再使用，开机后 10s 内指针无规则摆动属正常情况。

（2）将输入端测试探头上的红、黑色鳄鱼夹与被测电路并联（红色鳄鱼夹接被测电路的正极端，黑色鳄鱼夹接地端），观察表头指针在刻度盘上所指的位置，若指针在起始点位置基本没动，说明被测电路中的电压很小，且毫伏表量程选得过高，此时用递减法由高量程向低量程变换，直到表头指针指到满刻度的 2/3 左右。

（3）准确读数。表头刻度盘上共有四条刻度，第一条和第二条为测量交流电压有效值的专用刻度，第三条和第四条为测量分贝值的刻度。

注意：测量前应短路调零，若要测量高电压，输入端黑色鳄鱼夹必须接地端。

4. 万用表

万用表又叫多用表、三用表、复用表，是一种多功能、多量程的测量仪表，常规万用表由数字显示屏、测量旋钮、测量头、电路模块和外壳等部分构成，如图附 2-4 所示。

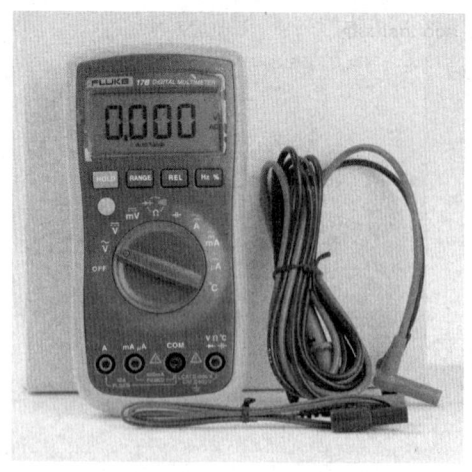

图附 2-4　万用表

一般万用表可测量直流电流、直流电压、交流电压、电阻和音频电平等,有的还可以测交流电流、电容量、电感量及半导体的一些参数。其较常用于设备或电路的电压测量、元件的电阻测量、开关连接和熔丝等元件的连通性测量、二极管测试、电容值测量等。

万用表接线图如图附 2-5 所示,①为用于交流电流和直流电流测量(最高可测量 10A)和频率测量(17B+/18B+)的输入端子;②为用于交流电流和直流电流的微安及毫安测量(最高可测量 400mA)和频率测量(17B+/18B+)的输入端子;③为适用于所有测量的公共(返回)接线端;④为用于电压、电阻、通断性、二极管、电容、频率(17B+/18B+)、占空比(17B+/18B+)、温度(仅限 17B+)和 LED(仅限 18B+)测量的输入端子。

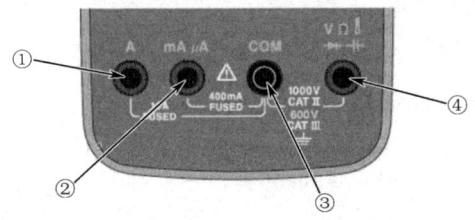

图附 2-5　万用表接线图

万用表使用注意事项如下。

(1) 测量先看挡,不看不测量——每次拿起表笔准备测量时,务必核对测量类别及量程选择开关是否拨对位置。

(2) 测量不拨挡,测完拨空挡——测量中不能任意拨动选择旋钮,特别是测高压(如 220V)或大电流(如 0.5A)时,以免产生电弧,烧坏转换开关触点。测量完毕,应将量程选择开关拨到"？"位置。

(3) 表盘应水平,读数要对正——使用万用表应水平旋转,读数时视线应正对指针。

(4) 量程要合适,针偏过大半——选择量程,若事先无法估计被测量大小,应尽量选较大的量程,然后根据偏转角大小逐步换到较小的量程,直到指针偏转到满刻度的 2/3 左右。

(5) 测 R 不带电,测 C 先放电——严禁在被测电路带电的情况下测电阻,检查电气设备上的大容量电容器时,应先将电容器短路放电后再测量。

(6) 测 R 先调零,换挡需调零——测量电阻时,应先将转换开关旋到电阻挡,把两个表笔短接,旋转"Ω"调零电位器,使指针指零后再测量。

(7) 黑负要记清,表内黑接"+"——红表笔接正极,黑表笔接负极,但电阻挡上黑表笔接内部电池的正极。

(8) 测 I 应串联,测 U 要并联——测量电流时,应将万用表串接在被测电路中;测量电压时,应将万用表并联在被测电路的两端。

(9) 极性不接反,单手成习惯——测量电流和电压时应特别注意红、黑表笔的极性不能接反,为确保安全应养成单手操作的习惯。

5. 钳形电流表

钳形电流表简称钳形表,如图附 2-6 所示,主要由一只电磁式电流表和穿心式电流互感器组成。穿心式电流互感器铁芯制成钳形活动开口,是一种不需要断开电路就可直接测量电路交流电流的携带式仪表。

图附 2-6 钳形电流表

钳形电流表的使用注意事项如下。
（1）使用钳形电流表测量前需机械调零。
（2）量程的选择原则是先选大，后选小，具体量程可根据测量对象铭牌估算。
（3）当使用最小量程测量读数仍不明显时，可将被测导线绕几匝，以钳口中央的匝数为准，则读数=指示值×量程/满偏×匝数。
（4）测量完毕需将转换开关放在最大量程处。
（5）测量时应使被测导线处在钳口的中央，并使钳口闭合紧密，以减少误差。
注意：被测线路的电压需低于钳表的额定电压；测高压线路电流时，需戴绝缘手套，穿绝缘鞋，站在绝缘垫上；钳口要闭合紧密且不能带电换量程。